航空集群构型控制方法

梁晓龙　孙　强　何吕龙　著

西北工业大学出版社

西安

【内容简介】 本书围绕航空集群系统自组织能力涌现与构型的映射关系和构型控制方法展开讨论。内容包括航空集群自组织与能力涌现机制、航空集群涌现控制机制建模、无人航空集群自组织控制方法、航空集群典型能力-构型映射、基于 ECA 规则的构型控制方法、基于一致性理论的航空集群时变构型控制以及航空集群控制方法演示验证系统等。

本书可作为高等学校航空集群系统控制相关专业的本科生教材,也可供从事航空集群系统设计、无人集群系统控制研究的科技人员参考。

图书在版编目(CIP)数据

航空集群构型控制方法 / 梁晓龙,孙强,何吕龙著
. —西安:西北工业大学出版社,2021.6
ISBN 978 - 7 - 5612 - 7768 - 3

Ⅰ.①航⋯ Ⅱ.①梁⋯ ②孙⋯ ③何⋯ Ⅲ.①航空器
-飞行控制-研究 Ⅳ.①V32

中国版本图书馆 CIP 数据核字(2021)第 119869 号

HANGKONG JIQUN GOUXING KONGZHI FANGFA
航 空 集 群 构 型 控 制 方 法

责任编辑:朱辰浩	**策划编辑**:梁 卫	
责任校对:孙 倩	**装帧设计**:李 飞	
出版发行:西北工业大学出版社		
通信地址:西安市友谊西路 127 号	邮编:710072	
电 话:(029)88491757,88493844		
网 址:www.nwpup.com		
印 刷 者:陕西向阳印务有限公司		
开 本:720 mm×1 020 mm	1/16	
印 张:12.375		
字 数:242 千字		
版 次:2021 年 6 月第 1 版	2021 年 6 月第 1 次印刷	
定 价:68.00 元		

如有印装问题请与出版社联系调换

前　言

　　航空集群是由一定数量的单功能和多功能有人或无人航空飞行器共同组成的,以交感网络为基础,整体具有能力涌现特点的空中移动系统。无人机集群作为航空集群的主要组成形式之一,是当前航空领域的研究热点。

　　航空集群系统中不同航空器的功能耦合、不同构型的结构效应以及不同战场态势下的环境因素三方面共同造就其涌现性。其中,功能耦合和环境因素是产生航空集群能力涌现的基础,提供了涌现产生的客观可能性。只有将各个航空器按照一定的"构型"组织起来,使之发生交互与反馈、激励与响应等交感行为,才可能达到系统能力的整体涌现,要实现这一目标,其系统结构与构型演化机制、构型控制方法是关键。

　　笔者所在的空军工程大学航空集群研究团队从 2011 年开始从事航空集群相关技术研究,主要针对航空集群的构建、控制,以及传感器的管理与运用等,对基础理论、方法及工程实践进行了技术攻关与研发工作。近年来,空军工程大学航空集群研究团队在该领域承担了国防 973 计划、173 项目、863 计划、国家自然科学基金和陕西省自然科学基础研究计划项目等 30 余项;发表论文 100 余篇,其中 SCI/EI 收录 50 余篇;授权国家/国防专利 20 余项。

　　目前,航空集群研究如火如荼,但该领域成系统的书籍比较匮乏。为此,笔者结合所在空军工程大学航空集群研究团队的研究成果和实践经验编写了本书,期望能够抛砖引玉,吸引、团结更多学者,共同推动航空集群领域的技术进步。

　　笔者努力从航空集群控制系统的完整性出发,将航空集群自组织机制、能力构型映射、构型控制方法与工程实践联系起来进行介绍。全书共分为 8 章,第 1 章介绍航空集群控制研究现状;第 2 章阐述航空集群自组织与能力涌现机制;第 3 章研究航空集群涌现控制模型与协议;第 4 章介绍无人航空集群自组织控制方法;第 5 章研究航空集群典型能力-构型映射模型;第 6 章研究基于 ECA 规则的航空集群构型控制方法;第7章研究基于一致性理论的航空集群时变构型控制方法;第8章介绍航空集群控制方法演示验证系统。

本书第1、8章由梁晓龙编写,第2、3、4章由孙强编写,第5、6、7章由何吕龙编写。

在本书的编写过程中曾参考了相关文献资料,在此向所有参考文献的作者表示衷心的感谢。同时感谢国家自然科学基金(项目编号:61472443,61703427)对本书研究项目的资助。

由于水平有限,加之本领域可提供借鉴的文献鲜见,所开展的研究尚处于起步阶段,所以,本书的不足之处在所难免,真诚希望各位专家学者提出宝贵意见,不吝赐教。

著 者

2021 年 3 月

目　　录

第 1 章 绪 论

21 世纪以来,"集群化、智能化"成为航空飞行器发展的重要趋势之一,航空集群的概念应势而生,从概念、发展历程和研究现状来看,该领域的研究方兴未艾,如火如荼。航空集群的组织架构和演化机制已呈现出清晰轮廓。为构建航空集群研究的背景和基础,本章概要阐述航空集群的概念发展、组织架构及演化机制等方面内容。

1.1 航空集群概述

1.1.1 航空集群基本概念

随着国防技术不断取得新的进展,当今世界主要国家和地区的空军武器装备呈现出体系化、信息化、无人化、高速化、高空化、远程化和精确化等发展特点,这使得单一平台的性能越来越难以满足装备发展的需求。作战理念上,各国在强调单一作战平台先进性的同时,更加注重作战中航空器的协同能力,而不是单纯依赖单一作战平台完成作战任务。事实上,美军提出的"网络中心战"及"海空一体战"等新型作战概念都强调作战平台或体系间必须有机协同,既有明确分工又有密切配合地进行战场态势感知、信息共享、智能化决策、协同防御与攻击,共同完成作战任务,这正是"集群"作战的基本思想。面对未来航空作战的集群化、智能化发展趋势,发达国家已经开始考虑发展适应这一趋势的下一代装备,其典型特征是具备自主控制、智能决策、支持有人/无人集群等能力。

尽管没有明确提出"航空集群"的概念,但早在 2003 年就有公开报道显示,以美国为代表的世界主要国家的有关研究机构已经开始了集群作战理论及其在航空作战中的应用等方面的研究工作。2003 年,美军联合部队司令部(JFCOM)的"阿尔法计划"实验室对"集群"的效能进行了研究。据美国《空中打击》网站 2011 年 8 月 18 日报道,波音公司已于当年 8 月中旬在俄勒冈州东部崎岖地带成功完成异构无人机的自主通信飞行验证,该试验证明了无人机可以通过相互通信、采集和使用局部信息来完成同一项任务，是无人机集群作战发展中的重要里程碑。2012 年，美国海军研究生院的 Loc Pham 发表了《无人机蜂群攻击》[见图 1.1(a)]，对无人机集群作战进行了分析研究，探讨了无人机集群作战的应用模式。2015 年 9 月 16 日，美国国防部高级研究计划局（DARPA）发布了"小精灵（Gremlins）"项目的招标公告，该项目旨在探索小型无人机集群空中发射和回收的可行性，并进行试验验证。2015 年 4 月，美国海军公布"低成本无人机集群技术（LOCUST）"项目，该项目旨在研制可快速连续发射的高自主性无人机，通过集群战术压制和摧毁敌方防空系统。2016 年 5 月 17 日，美空军发布了专门针对小型无人机系统（SUAS，其起飞质量低于 600 kg）的飞行规划——《2016 — 2036 年小型无人机系统飞行规划》（以下简称《规划》）[见图 1.1(b)]。其中透露美国空军也正在开展小型无人机集群的相关研究，用于突破和干扰敌方雷达系统或在某些区域进行传感器布置。《规划》中提到的无人机集群应用样式包括压制/摧毁敌方防空（SEAD/DEAD），空中自组网通信等。2017 年 1 月，DARPA 公布了"进攻性蜂群战术（OFFSET）"项目，该项目中不仅考虑无人机的数量，更希望研究复杂的蜂群战术和有人/无人飞机编组作战。

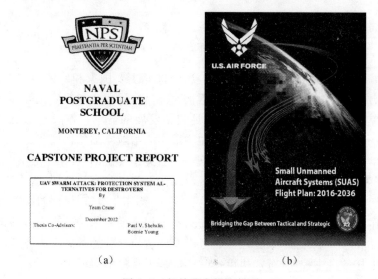

图 1.1　相关研究报告封面

(a)美国海军研究生院的研究报告；(b)美国《2016 — 2036 年小型无人机系统飞行规划》

　　"航空集群"的概念正是在这一背景下提出的，其意义在于通过实现体系的"全而强"从而降低武器装备发展中对单一平台"全而强"的要求，为我国空军作战能力赶超世界先进水平提供新的方法和手段。同时，用"集群"思想指导装备发展，可以有效避免因装备发展中过分追求单一平台的功能全、性能强带来的研发风险，更好地平衡国防支出和效率。

　　为明确起见，这里给出航空集群定义：航空集群是由一定数量的单功能和多功能有人或无人航空器共同组成的，在交感网络的支撑下，航空器之间进行信息交互与反馈、激励与响应等交感行为[1]。航空集群技术的根本目标是由多航空器平台通过科学的方法聚集后，经过集群自组织机制与行为调控机制的有机耦合，产生新的能力或原有能力发生质的变化，最终实现作战能力的"涌现"。

　　航空集群不是多航空器平台的简单编队，其集群能力也不是诸多平台单一能力的简单叠加。航空集群可实现集群内部资源（态势感知、火力打击、任务载荷、威胁规避）的有效共享与优化利用，具备快速的反应能力、超强的决策能力、灵活的自组织能力和高效的协同能力。航空集群构想示意图如图 1.2 所示。

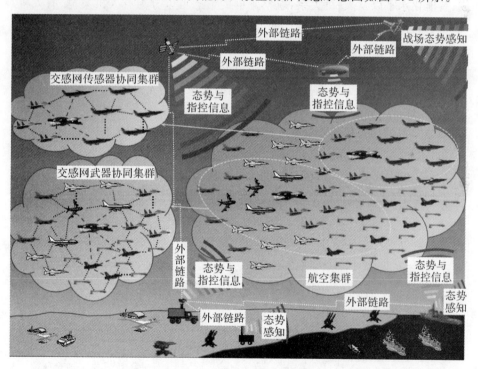

图 1.2　航空集群构想示意图

　　根据航空飞行器功能的不同，航空集群可进一步细分为以下两种编组模式。

　　（1）单功能航空集群，即由单一功能航空飞行器编组而成的航空集群，通常用于完成单一作战任务，如由无人侦察机组成的侦察航空集群、由电子战航空器组成的电子战航空集群。这些集群可以根据任务需要自适应调整编队和任务方案,通过集群作战模式,将单一功能航空器平台的作战效能发挥到最大。

(2)多功能航空集群,即由多功能航空飞行器编组而成的航空集群,通常用于完成综合作战任务,如由察打一体航空器组成的航空器打击集群。整个集群可以独立实施战场侦察、防空压制和目标摧毁等综合作战任务,并在作战过程中根据战场动态情况完成作战体系的自组织和自适应调整,以最优方案完成最佳打击效果。

1.1.2　航空集群的发展

航空集群是由一定数量的单功能和多功能有人或无人航空飞行器共同组成,以交感网络为基础,整体具有能力涌现特点的空中移动系统。根据飞行器构成、智能化水平以及人-机关系,航空集群的形态可以分为有人机集群、有人机/无人机混合集群和无人机集群 3 种类型。3 种类型体现的是不同技术条件下航空集群的不同构成模式。其中,有人机集群和靠程序运行的无人机集群的飞机平台智能化水平最低,是航空集群的初级形态;有人机/无人机混合集群模式下,有人机作为指挥机,无人机作为任务机,由有人机控制无人机完成各种不适合有人机自身完成的任务,特别是适用于在高危环境中的空战,是航空集群的中级形态;航空集群的高级形态是能够实现完全自主智能决策的无人机集群,其中具有有限自主能力的多架无人机在没有集中式全局指挥控制的情况下,通过相互信息交互产生整体效应,实现较高程度的自主协同,从而能在尽量少的人员干预下完成预期的任务目标。航空集群作战体系形态发展路线图如图 1.3 所示。

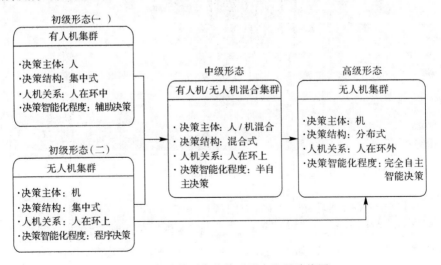

图 1.3　航空集群作战体系形态发展路线图

目前,航空集群的发展从形态上看正处于初级形态初步形成、正向中级形态演进的阶段。有人机的空战集群化、智能化趋势明显,主要研究工作集中在任务规划、空战对抗及编队协同等方面[2-3]。

为了追求人员零伤亡目标,美军认为"非接触"作战是未来战场的主要作战方式,UCAV 作为无人作战飞行器,是"非接触"作战装备的典型代表[4],无人作战的集群化、智能化是近年来一个研究的热点问题,其智能化终极目标将是集探测、识别、跟踪、决策和作战功能为一体的系统智能化[5]。

近年来,美国为支持"亚太再平衡"战略和第三次"抵消战略",通过项目、计划和作战概念驱动,将无人机集群作战及"算法战争"作为一个重要发展方向,进行了大量的相关研究、试验和演示验证[6-7]。这些项目主要包括 DARPA 于 2015 年启动的"小精灵"(Gremlins)项目、2017 年启动的进攻性蜂群使能战术(OFFSET)项目、美国国防部战略能力办公室(SCO)2014 年主导的"山鹑"(Perdix)微型无人机高速发射演示项目研究并已开展超过 500 次飞行试验、美国海军研究办公室(ONR)开展的低成本无人机集群技术(LOCUST)项目[24]研究等,同时还有近战隐蔽自主无人一次性飞机(CICADA)项目、体系集成技术和试验(SoSITE)项目、拒止环境中协同作战(CODE)项目、压制/摧毁敌方防空(SEAD/DEAD)项目等,这些项目既能够反映出美军在集群技术研究上的侧重点,同时也代表了美军对集群技术未来发展的战略预判。

作为军事强国的俄罗斯也将无人机集群作战作为重点发展的方向,2016 年 7 月 13 日,俄罗斯塔斯社报道,俄罗斯下一代战斗机方案将于 2025 年公布,战机飞行速度可达$(4 \sim 5)Ma$,并且能够指挥控制 5～10 架装备高频电磁炮的无人机集群作战。

与此同时,国内众多科研机构的研究团队也对无人机集群开展了试验探索研究[8]。2017 年 6 月,中国电子科技集团联合清华大学与泊松科技成功完成了 119 架固定翼无人机集群飞行试验;2018 年 7 月,中国空军在河北涞水举办了首届"无人争锋"智能无人集群系统挑战赛,此次竞赛探索/演示了未来智能无人机集群作战概念,也预示着智能无人机集群很可能成为又一种"改变战争规则"的颠覆性力量,智能无人机集群突破传统的对地/对海任务,走向难度更高的自主空战应用已迫在眉睫。另外,国内在理论研究方面也取得了大量的学术成果:北京航空航天大学仿生自主飞行系统研究组,通过借鉴雁群、鸽群、狼群、蜂群和蚁群等生物群体的共识自主性集群智慧,采用分布式策略设计了无人机集群自主控制方法和技术,并结合这些生物群体智能进行了无人机集群编队、目标分配、目标跟踪和集群围捕等任务的飞行试验验证[9];西北工业大学高晓光研究团队,在无人机任务指派冲突消解、UCAV 自主攻击决策、多无人机区域搜索等领域进行了大量研究[10];国防科技大学的沈林成研究团队对多无人机编队执行各类作战任务进行了大量探索,包括无人机实时协同控制、无人机多任务规划、无人机路径跟踪控制及无人机集群与重构控制等[11];哈尔滨工业大学对于无人机在线航迹规划、多无人机协同目标分配及无人机编队导航与控制系统等进行了研究[12];空军工程大学对无人机集群、协同作战理论进行了研究[13];北京理工大学和南京航空航天大学也在无人机集群控制与应用领域也开展了相应的研究[14-15]。

受制于当前技术的发展水平,无人机的智能化、自主化水平仍然不高,且存在对卫星导航依赖性过强、与地面站通信不稳定、对战场变化临机反应能力弱等问题,有人机/无人机混合集群应运而生,这也将是今后一个时期内现实可行的空战样式,通过构建有人机/无人机协同作战体系,利用人的决策优势更好地发挥无人作战平台优势。

美军有人机/无人机协同作战的相关研究最早见于美国波音公司与麻省理工学院(Massachusetts Institute of Technology,MIT)的合作,双方于 2003 — 2004 年进行了不确定环境下有人机/无人机系统的相关研究,项目以一架 F - 15E 有人战斗机指挥控制一架 T - 33 改无人机完成侦察搜索任务为战术应用背景,从机人交互接口、任务执行调度和航迹规划三方面对有人机/无人机协同作战控制技术展开了研究,并对有人机/无人机软件系统进行了研发、集成、测试与实际飞行试验。美国洛克希德·马丁公司开发了战斗机交战管理(Fighter Engagement Manager,FEM)概念,将 4 架小型多用途的 UCAV 与 F - 22 猛禽战斗机组成联合编队,从事高难度的压制敌方防空(SEAD)任务,其中 F - 22 上部署的任务战斗管理系统具有辅助决策功能,可以提供分布式多机协作功能。美国波音公司和诺格公司合作开展了有人机/无人机通用结构计划,对有人机/无人机协同作战进行了研究,该项目对阿帕奇武装直升机与影子战术无人机组成有人机/无人机平台协同作战系统开展了研究和试验,以验证有人机与无人机的协同互操作性,最终目的是为有人机/无人机建立通用的任务处理框架,以增强有人机与无人机的协同工作能力。美国空军实验室在 2018 年 3 月发布了其面向 2030 年的未来空战概念设想视频,在这个视频中,不乏有激光定向武器、微波武器、第六代战斗机等为人熟知的概念,还有新提出的"忠诚僚机"(Loyal Wingman)概念。在"忠诚僚机"概念设想中,F - 35 作为长机能够控制多架无人作战飞机作为僚机进行协同作战。

欧洲方面,英国 QinetiQ 公司为英国国防部开发了一套有人机/无人机协同控制软件系统,该系统采用多智能体系统推理技术,有人机将任务分配给无人机后,无人机自行组织,独立完成各自任务,该系统能够实现数据融合,以及对多架

UAV的通信系统、传感器和武器载荷进行管理。2007年该项目组在飞行试验中使用一架狂风战斗机、一架BAC1-11改无人机及三架仿真无人机联合进行了试验,演示了使用该系统实现有人机引导多架无人机对地攻击的过程,实现了有人机对无人机集群的战术层次的协调和控制,英军计划将在2018—2020年服役的未来攻击航空系统中,考虑使用无人作战飞机与有人飞机进行混编作战的可能。德国慕尼黑联邦国防军大学开展了有人机/无人机混合编队(MUM-T)项目,开发了一套基于认知自动化方法的辅助系统,用于有人机指挥控制多架无人机协同作战,并已经在仿真环境下对一架有人直升机控制引导多架旋翼无人机进行了测试。

国内方面,部分院校和科研机构近年来也陆续开展了有人机/无人机编队协同作战指挥控制技术方面的研究,但目前的研究工作主要是从人机交互接口、指控系统设计、人机功能分配、任务分配与调度、作战效能和威胁评估等方面进行理论研究与实验室仿真验证[16-17]。

综上,随着智能系统与复杂体系、感知与认知、分布式协同与群体智能、人机融合智能、智能机器人平台、算法战等理论与技术的不断发展与突破,航空集群将由初级形态不断向高级形态演进,最终演变成完全自主智能的无人机集群,实现较高程度的自主协同,完成复杂任务目标。

1.1.3　航空集群控制研究现状

航空集群的特征之一就是拥有类似于生物集群的行为方式及涌现现象。航空集群利用交感网络获取目标、战场环境及航空器状态信息,并在航空器之间进行交互,具备识别环境、适应环境、检测目标、任务决策和自主行为的能力,这些能力的外在体现就是航空集群的行为。其中,航空集群的运动行为是指大量航空器在系统交感网络的支撑下,基于简单的运动规则和一致性协议所涌现出的运动模式,是航空集群能力涌现的基础,包含航空集群从起飞到任务结束的整个飞行过程。在不同的任务和环境中,航空器之间需要达到和保持给定的编队构型,或者根据任务需要进行编队变换。因此,编队控制是航空集群形成多种编队构型并顺利完成各项任务的基础。传统的编队控制策略主要可以分为基于领导者-跟随者(leader-follower based)的编队控制策略[18-19]、基于行为(behavior based)的编队控制策略[20-21]和基于虚拟结构(virtual structure based)的编队控制策略[22-23]。在领导者-跟随者策略中,其中一个或多个智能体被视作领导者,其他的视作跟随者。只需要控制跟随者与领导者之间保持期望的相对位置,就可以实现编队控制。该方法分析简单,易于实现,应用也最广。但该方法对领导者的可靠性要求较高,如果领导者被击落或发生故障,则整个编队都将失去战斗力。在基于行为的策略中,首先为各智能体定义一个基本行为集,然后通过设计相应的局部规则或驱动事件来触发这些基本行为实现对智能体的运动控制。基于行为的策略具有并行性、分布式及实时性等优点,但是这类控制策略难以明确地定义个体的行为集,编队控制精度较差,也不便于理论分析编队的稳定性。在虚拟结构策略中,把期望编队看作一个刚性的虚拟结构,每个智能体与虚拟结构上的一个点对应。当编队运动时,所有个体同步跟踪虚拟结构上对应点运动即可。虚拟结构策略可以方便地定义不同的编队构型,并且能够实现高精度的编队跟踪控制,但是这类方法属于集中控制,编队中的每个成员都必须已知期望的编队跟踪路径,其适应性和扩展性较差。

传统的编队控制策略虽然各有优缺点,但都难以满足航空集群编队控制分布式、自主化、智能化和集群化的需求,这就需要一种新的编队控制策略。近年来,随着多智能体系统一致性理论的发展和完善,越来越多的学者开始研究将一致性理论应用于多机器人、无人机的编队控制问题,并验证了该方法的有效性和优越性[24-25]。一致性问题通常考虑的只是系统中个体的内部状态,而在不同的任务和环境中,个体之间还需要达到和保持预先给定的队形,这就是多智能体协同控制中的编队控制问题,也是多智能体协同控制中最重要的研究方向之一。

基于一致性理论(consensus based)的编队控制策略作为一种新的编队控制方法正越来越多地受到机器人和自动控制等领域学者的关注。在基于一致性理论的编队控制中,通常通过合适的状态变换把编队控制问题转化为一致性问题,再利用一致性相关理论进行分析,因此编队控制与一致性问题有着紧密的联系。基于一致性的编队控制可分为编队实现和编队跟踪两类:编队实现是指控制个体达成期望的编队构型;编队跟踪是指在保持期望队形的同时,还需要控制编队按照规划好的航迹或路径运动以完成指定任务或保证编队安全。由于这两类问题通常难以严格区分,所以在此将按照系统动力学的特点分别对一阶、二阶和高阶系统编队控制问题进行综述。

一阶多智能体系统的编队控制问题相对简单,也是较早被研究的一类问题。Wu 等人[26]基于一致性理论研究了多智能体系统的编队实现和跟踪问题,针对一阶系统,设计了如下式所示的编队控制协议:

$$u_i = f(t) + \dot{x}_i^* + c \sum_{j \in N_i} \Gamma [(x_j - x_i) - (x_j^* - x_i^*)] \tag{1.1}$$

式中:$f(t)$ 连续可微,表示所有个体的期望路径;x_i、x_j 表示个体 i 和 j 的位置;x_i^* 和 x_j^* 表示期望的队形,即相对于编队参考的偏差;常数 c 表示个体之间的作用强度;Γ 表示个体各个状态之间的耦合关系。文献[26]证明了当通信拓扑包含生成树时,系统能够实现期望队形并跟随指定路径。Xue 等人[27] 研究了具有切换拓扑和非线性的一阶多智能体系统的编队控制问题,采用人工势场法实现了个体之间的防撞。Liu 等人[28]采用迭代学习方法研究了一类具有非线性动力学特性的一阶多智能体系统的编队控制问题,得到了编队保持的充分条件。文献[29]通过人工势场法研究了具有切换拓扑和时延的多智能体编队控制问题,给出了控制器设计的一些准则。文献[30]基于分布式位置估计策略实现了一阶系统的编队控制,证明了当通信拓扑包含生成树时,系统能够以指数收敛到期望队形。文献[31]研究了一阶非线性系统的时变编队控制问题,通过引入协调参数使得编队能够在队形变换中保持期望队形。Li 在文献[32]中研究了具有时变时延和不确定性线性系统的编队控制问题,利用线性矩阵不等式方法分析了编队的稳定性。文献[33]研究了一阶多智能体系统的编队控制和避障问题,实现了对运动目标进行跟踪和围捕。

　　一阶多智能体系统仅仅通过位置信息来定义一致性协议实现编队控制,虽然结构简单易于研究,但实际中,很多多智能体系统仅仅通过位置信息来描绘和刻画是不够的,系统往往需要速度和位置两个状态来共同刻画。因而近年来,基于二阶多智能体系统的编队控制受到国内外学者的广泛关注。例如,Ren 在文献[34]中将二阶系统一致性协议应用到编队控制中,指出传统的基于领导者-跟随者、基于行为和基于虚拟结构的编队控制策略都可以统一到基于一致性的编队控制策略的通用框架中,并且能够在一定程度上克服这些策略的不足。文献[35]设计了基于一致性的编队控制协议,并用轮式机器人进行了试验验证,证明了这种编队控制策略的可用性。在文献[36]中,Xie 和 Wang 分析了具有无向通信拓扑的二阶多智能体系统的编队控制问题,给出了实现时不变编队的充分条件。文献[37]研究了具有时延非线性动力学和间歇通信特征的二阶多智能体系统编队控制问题,在领航者速度无法获得的假定情况下,为每个跟随智能体设计了分布式观测器。Xiao 等人在文献[38]中提出了一种有限时间的编队控制协议,证明了多智能体系统可以在有限时间内实现期望的定常或时变编队。文献[39]基于矩阵分析方法研究了具有量化通信的多智能体系统的编队控制问题,给出了具有树形通信拓扑的系统的编队控制协议并进行了稳定性分析。Lu 等人[40]研究了二阶多智能体系统在有向拓扑和时延条件下的编队控制问题,所提出的控制策略能够实现定常和时变编队控制。Wang 等人[41]研究了具有时延的二阶多智能体系统的脉冲编队控制问题,针对某些速度不可观测的情况,文中设计了仅基于位置信息的编队控制协议。Han 等人[42]研究了具有时延的二阶多智能体系统编队控制问题,设计了基于位置和速度信息的编队控制协议并给出了协议中增益矩阵的确定方法。Dong 等人[43]进一步研究了具有切换拓扑的二阶多智能体系统的编队控制问题,给出了实现时变编队的充要条件,讨论了编队可实现的约束条件,并利用多架四旋翼无人机对理论分析结果进行试验验证。

Lafferriere 等人在文献[44]中研究了一类由二阶系统串联形成的特殊高阶线性定常系统的编队控制问题,采用基于一致性的策略实现了期望的队形。Fax 和 Murray[45]分析了一类线性定常高阶系统的编队稳定性问题,给出了编队稳定的等价条件和判据。在此基础上,Porfiri 等人[46]通过构造一个可测矢量场,研究了一般高阶线性定常多智能体系统的编队跟踪问题。Dong 等人在文献[47]中研究了高阶线性时不变系统编队控制问题,给出了一个通用的编队控制协议,并利用一致性分析方给出了在切换拓扑下实现时变编队的充要条件。Zhang 等人[48]研究了高阶线性离散时间系统的编队控制问题,利用相邻个体之间的误差以及自身状态的反馈信息,设计了基于预测机制的快速编队控制协议,缩短了编队稳定的时间。文献[49]中,研究了一般线性多智能体系统的编队协议设计和分析问题,在切换拓扑条件下给出了实现时变编队的充要条件。

以上介绍了编队控制尤其是基于一致性的编队控制在理论层面的研究现状。随着编队控制理论的日益成熟,如何把理论成果应用到诸如无人机、机器人及自主式水下航行器等实际系统的编队控制中也成为一个有待解决的重要问题。由于本书考虑的应用对象是航空集群,下面对航空器编队控制问题的研究现状进行简要概述。

现有编队控制相关文献中所涉及的航空器主要采用一阶模型、二阶模型、三自由度欠驱动模型、六自由度欠驱动模型以及线性化的高阶模型等进行描述[50]。所涉及的编队控制策略主要与前面所述四种典型的编队策略相关。这5种模型与4种编队控制策略结合自适应控制、模糊控制、滑模控制、最优控制、鲁棒控制等控制方法,产生了较为丰富的研究成果。Gu 等人[51]研究了具有三自由度欠驱动模型的长机(领导者)-僚机(跟随者)编队控制问题,并利用固定翼无人机进行了大量编队飞行试验。洪晔等人在文献[52]中设计了基于长机-僚机的编队控制策略,在具有三自由度欠驱动模型的地面小车上进行验证后,利用两架固定翼无人机进行了实际飞行试验。Chen 等人在文献[53]中研究了具有线性高阶系统的领导者-跟随者编队控制问题,并利用无人直升机进行了试验验证。You 和 Shim 在文献[54]中研究了具有三自由度欠驱动模型的固定翼无人机的编队控制问题,把领导者-跟随者编队控制策略与 PD 控制器相结合,在飞行试验中实现了对领导者航向、速度和高度的跟踪。美国宾夕法尼亚大学的Kumar 团队在无人机编队控制中进行了大量研究,在文献[55]中,Kumar 等人研究了具有六自由度欠驱动模型的微型四旋翼无人机编队控制问题,并在室内进行了多达 20 架无人机的编队控制实验。在文献[56]中把基于一致性的编队控制策略应用到了四旋翼无人机的时不变队形的编队控制及编队切换控制中,并进行了试验验证。文献[57]中设计了基于一致性的时变编队控制协议,并成功利用多架四旋翼无人机进行了自主时变编队试验验证。

随着多智能体系统协同控制特别是一致性理论的发展和完善,越来越多的学者开始研究通过一致性理论来解决工程中的编队控制问题。基于一致性理论的航空集群编队控制策略的基本思想是让集群中所有个体的状态(速度和位置)相对于某个共同的编队参考(formation reference)保持特定的偏差。需要注意的是,在初始时刻,编队参考对单个航空器来说可能是未知的,但是通过航空器之间的分布式协同作用后,所有航空器可以对编队参考达成一致,从而实现期望的编队构型。相比传统的编队控制策略,基于一致性理论的编队控制策略具有以下优势。

(1)可靠性高。面对复杂的战场环境和不同的任务类型,可通过调整航空器之间的协作机制和拓扑关系快速变换编队构型,采用分布式无中心控制可以降低对某个个体的依赖。

(2)可控性强。通过优化算法控制智能体之间的拓扑关系,可以精确地协调控制系统的运动状态和趋势,从而实现高精度的编队跟踪控制。

(3)适应性好。基于一致性理论的编队控制策略只需要利用局部信息,通过自组织和分布式协同实现编队控制,能够适应不同的任务需求和战场环境。

(4)扩展性强。集群中的航空器只依赖局部信息,遵循相同的一致性和编队控制协议,增加或减少航空器一般不会对整个编队产生影响,具有很好的模块性和可扩展性。

因此,研究基于一致性理论的航空集群编队控制问题,不仅能够进一步完善一致性理论和编队控制理论体系,同时对于航空集群顺利执行协同作战任务也具有重要的现实意义。但是,通过查询和阅读文献可知,基于一致性理论的编队控制研究中还存在以下几方面的主要问题。

(1)受限于通信带宽、控制器响应速度等,实际系统大多都具有离散时间的特点,因此对数据采样周期、控制器更新频率的研究还有待深入。

(2)对编队内部个体之间的防撞问题研究较少,尤其是基于一致性的编队控制中几乎都没有考虑防撞,这方面的研究尚处于空白阶段。

(3)实际系统都存在性能包线,如航空器的速度、加速度和转弯角速度限制等,但现有研究很少考虑个体的性能约束。

(4)对影响编队稳定性的因素分析不够全面,目前研究最多的是时延,而实际系统还可能存在外部扰动和测量误差等,这些因素对编队稳定性的影响值得进一步研究。

(5)大多数研究都只进行了理论分析和数值仿真,缺少试验验证。

1.2 航空集群组织架构和演化机制

1.2.1 航空集群系统组织控制结构

航空集群作战是一种新型作战样式,其控制结构是指集群内决策者与执行者之间的指挥控制关系。在航空集群中,所有平台都具有一定的自主决策和独立执行能力,有人和无人平台都能够根据战场态势或任务需求进行自主决策。随着无人平台的信息处理能力、智能程度的提升,有人与无人平台之间的指挥控制关系需由复杂、低效的主从式协同转变为简单、高效的半自主或全自主协同。同时,根据信息处理能力、智能程度、态势信息的差异,无人平台之间也可能存在指挥与被指挥的主从式协同关系。另外,目前所有的无人平台都还不能实现完全的自主控制与决策,只能处于不同等级的监督控制之下。因此,航空集群指挥控制结构需要在人工干预与自主决策间进行权衡,既要赋予无人平台恰当的自主等级,又要保证其处于指控人员的监督之下,以便在必要时施加人工干预。

在现有研究基础之上,结合航空集群组织结构的设计原则,将自上而下的分层递阶控制和自下而上的自组织策略结合,设计的控制结构包括指挥控制层和自主执行层两级,如图 1.4 所示。指挥控制与自主执行两级结构相互耦合,具有集中管理、分层运行、分散控制的特点,各级决策者将感知到的战场态势呈报给指挥控制层,指挥控制层对自主执行层进行监督和管理,各战术单元、子群、平台之间通过交感网络实现自主协同决策。

1.2.1.1 指挥控制层

指挥控制层是航空集群的指挥控制中心,通常部署在地面车辆、预警机、舰艇等作战平台上,主要由集群指挥人员和相应的辅助决策软件构成。随着平台智能程度、自主等级的提升,该层对集群的干预方式逐渐由连续遥控向离散指令控制转变,使得集群指挥人员不必直接参与底层的飞行控制,而只需关注任务管理、作战意图和战术应用。基于如图 1.4 所示的自主任务控制结构,操作员能够以监督控制方式对系统进行控制,处理不能或不适合由自主系统完成的任务,如打击目标确认、武器投放授权,以及目标跟踪和区域搜索等战术行为指派等。该层的主要职能包括在任务开始之前根据上级指挥中心的作战意图和本级对战场态势的评估结果制订行动方案、作战战术,将所属作战平台、资源在合适的时间部署到恰当的位置,从而形成最有利的初始构型,完成战场布势;在任务执行时,实时监控任务进程,并在必要时进行人工干预、调整作战方案和系统组织结构,以保证任务顺利完成;任务结束后,将本次任务获取的态势数据加入系统的战史数据库中,作为指挥人员和自主决策系统的学习样本。

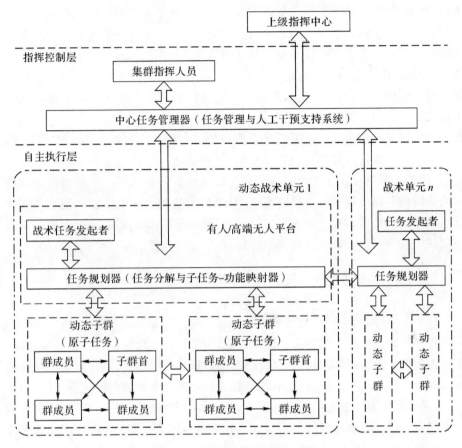

图 1.4　航空集群两级控制结构

1.2.1.2　自主执行层

自主执行层包含了各层级的自主决策和执行平台。航空集群通常由多种不同性能的异构平台组成,如预警机、有人战斗机、各种高/中/低性能无人机等,这些平台携带的处理器、传感器、通信系统等各不相同,态势感知能力、智能程度都有较大差异。战术任务发起者通常为预警机、有人战斗机或高端无人机,因为这些平台智能程度高、认知能力强,能够更及时、准确地感知到战场态势、任务需求的变化,可以被指挥控制层授予更高等级的自主权限。将信息处理能力强、智能程度高、态势占优的有人或无人平台作为自主等级较高的群首、多架有人机/无人机平台作为群成员组成具有一定战术功能的子群,子群首和群成员分别为原子任务的发起者和响应者。根据所执行任务的特点和功能需求,可将集群分为多个动态战术单元,每个战术单元包含一个或多个动态子群,如侦察子群、干扰子群、攻击子群、评估子群等。集群中战术单元和子群的数量、规模、编成由指挥控制级或任务发起者根据任务需求初步确定,并随着战场态势变化动态地聚合或解散。任务发起者在将任务分解和规划结果下达给所属战术单元和子群的同时,还为底层决策者分配相应的自主等级。各平台受领任务后便开始自主协同执行所分配的任务,并在其自主权限内对任务进行调整和优化。当个体检测到本级无法处理的事件时,相关信息被提交给子群群首,再由其来决定是否将信息在子群内部分发或向更高层级的决策节点传送。任务发起者作为上级决策者,对任务的整个执行过程进行监视和控制,并将感知到的战场态势呈报给指挥控制层,指挥控制层对任务的调整指令自上而下地被逐级执行。子群内部个体之间的协同控制和决策采用自组织策略,自下而上地产生适应性能力涌现。这样就组成了航空集群的核心决策层(任务发起者)、分布式决策层(各子群首)、协同控制层(子群内部)、执行层(集群个体)的多层分布式控制和功能执行框架。

1.2.2 航空集群系统组织功能结构

1.2.2.1 航空集群任务管理层

任务管理层是航空集群系统的主控层,与集群控制结构的指挥控制层对应,主要由数据库、交互界面及中心任务管理器组成,如图 1.5 所示。数据库存储的是与航空集群作战相关的先验知识,其建立来源于以下两方面的数据:

(1)专家知识库数据(经验数据/主观数据),即领域专家的经验数据,主要指根据军事专家与情报得到的关于敌、友、我军作战条例、战斗部署与作战风格等方面的数据;

(2)战场的一级融合数据(态势感知数据/客观数据),即根据战场事件(包括战史、演习、仿真、兵棋推演等)获取的数据。

针对航空集群作战中敌我双方态势变化的高动态性,航空集群任务管理层首先以战史、演习、仿真、兵棋推演和情报等获取的数据为依据,离线设计不同场景、不同态势、不同任务、不同阶段的最优构型、策略,并将这些构型、策略与相应的激活条件匹配,以规则形式保存。依据不同类型及标准化数据建立起来的自主系统能够缩短观察、判断、决策、行动(OODA)环的反应时间,提高系统智能决策、协同控制的时效性、准确性、敏捷性。人机交互界面的作用是将通用战术视图可视化显示,协助指控人员处理作战态势、战斗意图、先验知识、交战准则、行动方案等信息。指控人员可通过人机交互接口与系统进行交互,但在通常情况下并不直接指挥兵力,而是关注于任务管理、作战意图和战术应用。指控人员还可以通过交互界面对单架或某类飞行器进行配置与管理,例如根据其智能程度调整相应的自主等级。中心任务管理器是任务管理层的核心,其主要职能包括战前任务规划、战时实时监控及战后学习进化三方面。

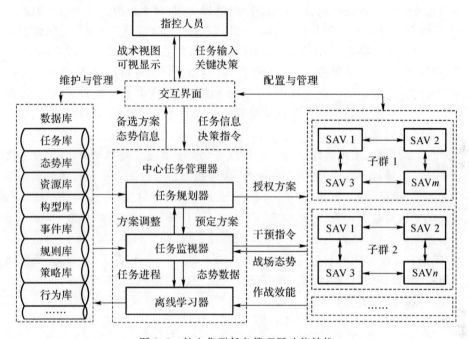

图 1.5 航空集群任务管理层功能结构

战前任务规划的主要目的是辅助指控人员组织作战方案,将所属资源分配到合适的位置从而生成初始的空间构型,完成集群布势。在指控人员将上级下达的作战任务信息和关键决策指令录入后,任务规划器根据本级对交战过程的评估结果离线完成集群空间构型构建、决策规则提取、任务特性分析等。基于指控人员的作战想定,任务规划器快速生成可行的任务分解与时序规划方案,通过仿真推演检验执行效果并自动生成分析报告及优化建议。候选方案经中心任务管理器传送给操作界面,以操作者可理解的可视化方式显示,辅助集群指控人员快速制订最优作战方案。指控人员通过交互界面可以实现对任务规划器拟定的备选方案进行评估和干预,通过人机智能的紧耦合实现“人在回路”的战前任务规划。所有自动生成的作战方案必须经集群指控人员确认并授权后才允许被执行。与分层递阶控制结构不同的是指控人员只需关注作战方案中应该包含的任务及不可执行的非法任务,并不需要关心任务规划的“细枝末节”,例如每一架飞机具体执行什么任务。这种面向任务的方法,极大地减少了指控人员的工作量,使得指控人员可以将注意力集中于集群的指挥,而非对多架航空器的控制。

在任务执行过程中,任务监视器将集群回传的实时态势信息进行一致性融合处理后,标注到通用战术视图并通过交互界面进行可视显示,使得指控人员可以对任务进程进行在线监视,并在必要时进行干预、调整作战方案和指控组织结构,以保证作战任务顺利完成。当航空器因权限不够、规则库不完备、信息不足等无法进行有效决策时,任务监视器将自动生成的临机决策建议采用弹出窗口、消息提示等方式提醒指控人员进行处理,并将相关数据进行记录,以便在任务结束后及时进行数据库的完善和更新,使得系统具备学习与进化能力;任务监控器还需要对一些不适合由航空器自主决策的问题进行干预,如攻击目标的确认、武器使用的授权等。

任务结束后,采用离线学习方式从战场数据中学习规则和知识,强化自主决策系统的态势认知能力、意图推断能力、决策能力。通过无人平台具备的适应性学习能力,根据任务、态势、决策结构及作战效果,通过自主学习、调整和优化行动规则库和策略集,实现更加稳定、高效、灵活的协同。航空集群作战中,战场态势数据来源多样、格式不统一,具有不完整性、非结构性和高度动态性,对这些动态、模糊且非结构化的数据进行处理比较困难,单纯依靠机器学习难以完美解决军事系统的决策和控制问题。针对作战任务中出现的问题和不足,指挥人员和自主决策系统需要"共同学习",通过人机智能融合的方式对数据库进行补充和完善,如添加新的事件、威胁、任务等,使得系统具备学习与进化的能力。

1.2.2.2　航空集群自主决策层

决策层是航空器的"大脑"和任务管理器,同时也是航空集群的分布式任务协调器,其结构如图 1.6 所示。自主决策层最大的特点就是根据所分配的自主等级,可以担任不同层级的决策者,如任务发起者、子群首、群成员等。决策层面向任务的智能决策是航空集群自主作战区别于传统程序决策的主要特征,其智能化水平决定了航空集群的智能决策能力和自主作战效能。航空集群自主决策的战场环境和作战目标较以往的自动控制系统更加复杂和多变,因此需要设计合理的决策系统架构,妥善解决平台软、硬件功能划分和集群内各平台的协调问题。

当作为任务发起者时,决策层按照能力需求自上而下将复杂任务分解为不同原子任务(Atom Task),指定任务时序、逻辑过程、转换时机和优化策略等任务约束,并将任务规划结果发送给底层决策者。采用分层递阶思想对任务进行自上向下的递阶分解,结合航空集群系统的特性和任务要求,分别建立各层子任务的数学模型并研究相应的求解方法和协同策略,能够有效降低航空集群自主协同控制和决策问题的求解难度,是解决航空集群自主协同控制和决策复杂性的有效手段。

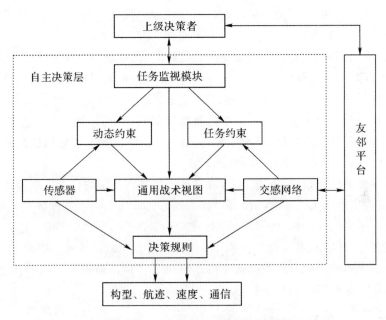

图 1.6　航空集群自主决策层功能结构

当作为底层决策者时,采用自底向上的规则驱动和建模策略,结合原子任务能力需求、任务约束、动态约束,通过自组织策略进行传感器信息融合、与友邻平台交互协同,得到子群的期望构型、规划航迹、飞行速度、任务载荷协同策略等。将信息处理能力强、智能程度高、态势占优的平台推选为子群首作为半全局的任务协调者,可以有效消除子群之间及子群内部因信息不一致或规则库不完备导致的决策冲突,实现面向任务的一致性能力涌现。自组织求解策略更加注重平台对战场环境的动态反应以及平台之间基于规则的协同决策。显然,基于自组织策略的控制和决策是分布式的,少数个体发生故障或被损毁不会影响整个集群的功能,具有计算简单、鲁棒性好等优点。

航空集群任务发起者与底层决策者之间的协同关系并非主从式的被动协同,而是相互依赖的半自主或全自主协同。一方面,任务发起者基于分层递阶思想的方法更强调"协同规划"属性,需要经过"战术任务分解—子任务建模—子任务规划—个体任务求解"的复杂流程才能最终得到全局的协同策略。当战场环境、敌我态势发生动态变化时,采用这类组织结构将消耗大量的计算、通信、时间代价进行重新求解,导致协同效率变低、决策反应时间过长,难以应对当前战场态势的高动态性。因此,在航空集群中,任务发起者的决策层只需按照能力需求对复杂任务进行分解和初步规划,并不进行底层的任务分配和个体任务求解,这部分的工作由更低层级的决策者通过自组织策略完成。另一方面,基于自组织策略的协同控制和决策理论与方法还不成熟,主要研究集中在对涌现产生的底层机制、系统涌现的方向、程度的预测和度量上,而对面向具体复杂任务的行为、能力涌现诱导方法研究尚未见到公开报道。因此,自组织求解策略在解决复杂、强耦合关系任务方面表现不足,这部分工作需要任务发起者的参与才能完成。将自上而下的分层递阶和自下而上的自组织策略结合,既能充分发挥任务发起者的战术决策优势,自顶向下地实现资源优化配置,又能发挥底层决策者的自主决策能力,自底向上地整合战场资源。

需要强调的是,在航空集群中,所有平台都具有一定的自主决策和独立执行能力,有人平台和无人平台都能够根据战场态势或任务需求进行自主决策,平台之间具有很强的互操作性。各层级决策者是综合平台的智能程度、态势优势等条件确定的,并非不可替代。当某一层级决策者发生故障或被击毁时,可以立即依靠战前确定的规则自组织推选或由上层决策者指派新的决策者替代之,并不会影响航空集群的全局任务执行。

1.2.2.3 航空集群协同控制层

协同控制层是航空器的"小脑",负责根据决策层得到的期望构型、规划航迹、飞行速度、任务载荷协同策略等,调用相应的分布式协同算法进行构型生成/演化、航迹跟踪、速度保持、任务载荷控制,计算平台自身的飞行航点、速度、传感器指向、武器装定信息等。从航空集群空间构型生成与演化控制的角度来看,不管任务多么复杂、态势如何多变,决策层给协同控制层的输入都是期望的空间构型、构型切换时机、平台任务角色及参考航迹、速度等信息。为了降低决策的复杂度和通信带宽需求,所输入的参考航迹、速度信息通常提供给任务发起者或部分成员,并不包含所有平台的航迹信息,其他平台的运动航迹需要由协同控制层根据期望构型自主生成。航空集群协同控制层功能结构如图1.7所示。

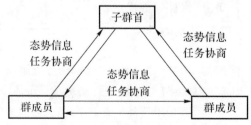

图1.7 航空集群协同控制层功能结构

1.2.3　航空集群演化机制

航空集群作为一个行为可控、可用的亚复杂系统,其产生适应性涌现的关键在于遂行作战任务的航空集群能够针对特定的触发事件,以预定规则为驱动,进行构型变换与重构演化。在战场环境(态势)觉察、理解、预测中,事件是指在一定的条件下战场目标(群)所发生的具有某种军事意义的行为。为了实现战场环境-事件的映射和表达,需要首先建立战场基本事件模型,主要包含事件类型平台(事件主体)、时间、空间、触发条件等,然后根据战场基本事件模型中定义的事件类型和事件主体过滤态势数据,对符合要求的态势数据进行事件提取,判断主体是否满足事件触发条件,最终建立战场环境-事件的映射关系。

规则库是基于航空集群作战需求和特点而建立的形式化的集群及平台作战规则集合,它明确地描述了任务空间相关要素与系统状态转移之间的关联关系,使一些定性的原则具体化为定量的规则。ECA(Event-Condition-Action)规则是一种将事件触发和规则驱动结合的方法,具有强大的语义表达能力,可以用来描述航空集群构型演化机制。ECA 规则的建立来源于航空集群任务管理层数据库。由于用于提取规则的数据的模糊性和不确定性,提取的规则可能会表现出同一结果对应多种不同甚至冲突的属性,需要通过多属性决策树模糊集等确定和区分属性的效用,以便获得较合适的决策规则。

航空集群构型演化的事件触发-规则驱动机制可用 ECA 规则描述为

$$
\left.\begin{aligned}
&\text{On} &&E_k^j: <\text{Event}_k^1 \odot \cdots \odot \text{Event}_k^m> \\
&\text{If} &&C_k^j: <\text{Condition}_k^1 \odot \cdots \odot \text{Condition}_k^m> \\
&\text{Then} &&A_k^j: <\text{Action}_k^1 \wedge \cdots \wedge \text{Action}_k^m>
\end{aligned}\right\} \tag{1.2}
$$

其含义如下:对集群内编号为 j 的航空器如果事件 E_k^j 发生且满足约束条件 C_k^j,则由规则 A_k^j 驱动航空集群运动直到事件 E_{k+1}^j 发生。$\odot \in \{\wedge, \vee\}$,其中 $\wedge$、$\vee$ 分别表示与运算和或运算。

由式(1.2)可知,航空器 j 通过交感网络与集群内部其他个体之间保持信息一致是实现任务一致的前提,即个体必须基于一致的触发事件信息才能决策出一致的驱动规则,最终实现任务一致。根据触发事件的不同,航空集群构型重构可分为面向任务的主动重构和面向战场态势的应激重构。对于由指挥控制行为产生的任务指令触发事件,主要依据能力-构型映射规则从能力需求的类型层次等级等方面确定航空集群的期望构型;对于由自组织行为产生的态势触发事件,主要根据集群失效规模能力缺失性能衰减等进行航空集群构型-态势适应度评估确定是否需要重构及重构的规模时机等。

本 章 小 结

集群化、智能化是航空作战的重要发展趋势。航空集群"能力涌现"是构建航空集群的重要目标。本章介绍了航空集群的基本概念、航空集群的产生发展历程以及航空集群控制研究现状;简要阐述了航空集群控制组织控制结构、组织功能结构及航空集群的演化机制等相关概念。本章内容是后继章节内容的背景知识和基础概念。

参 考 文 献

[1] 柏鹏,梁晓龙,王鹏,等. 新型航空集群空中作战体系研究[J]. 空军工程大学学报(军事科学版),2016,16(2):1-4.

[2] 赖作镁,乔文昇,古博,等. 任务性能约束下传感器协同辐射控制策略[J]. 系统工程与电子技术,2019(8):1749-1754.

[3] 张菁,何友,彭应宁,等. 基于神经网络和人工势场的协同博弈路径规划[J]. 航空学报,2019(3):223-233.

[4] 黄长强. 未来空战过程智能化关键技术研究[J]. 航空兵器,2019,26(1):11-19.

[5] 郭圣明,贺筱媛,胡晓峰,等. 军用信息系统智能化的挑战与趋势[J]. 控制理论与应用,2016,33(12):1562-1571.

[6] 雪莉,博闻. DARPA 披露 OFFSET 无人机蜂群项目细节[J]. 飞航导弹,2017(2):2.

[7] 李磊,王彤,蒋琪. 美国 CDDE 项目推进分布式协同作战发展[J]. 无人系统技术,2018(3):59-66.

[8] 贾永楠,田似营,李擎. 无人机集群研究进展综述[J]. 航空学报,2020,41(S1):723738.

[9] 邱华鑫,段海滨. 从鸟群群集飞行到无人机自主集群编队[J]. 工程科学学报,2017(3):317-322.

[10] 符小卫,崔洪杰,高晓光. 多无人机集结问题分布式求解方法[J]. 系统工程与电子技术,2015(8):1797-1802.

[11] 沈林成,牛轶峰,朱华勇. 多无人机自主协同控制理论与方法[M]. 北京:国防工业出版社,2013.

[12] 张舸,伊国兴,高翔. 基于视觉导航的旋翼无人机自主降落系统[J]. 传

感器与微系统，2018，37(9):77-80,83.

[13] 胡利平，梁晓龙，何吕龙，等. 基于情景分析的航空集群决策规则库构建方法[J]. 航空学报，2020，41(S1):723737.

[14] 樊洁茹，李东光. 有人机/无人机协同作战研究现状及关键技术浅析[J]. 无人系统技术，2019，2(1):39-47.

[15] 蒋婉玥，王道波，王寅，等. 基于时变向量场的多无人机编队集结控制方法[J]. 控制理论与应用，2018，35(9):1215-1228.

[16] 吴立尧，韩维，张勇，等. 有人/无人机编队指挥控制系统结构设计[J]. 系统工程与电子技术，2020,42(8):1826-1834.

[17] 钟赟，姚佩阳，张杰勇，等. 有人/无人机协同作战系统 C2 结构和行动计划适应性设计方法[J]. 空军工程大学学报(自然科学版)，2019，20(3):38-45,102.

[18] MAHMOOD A, KIM Y. Leader-following formation control of quadcopters with heading synchronization[J]. Aerospace Science and Technology, 2015,47:68-74.

[19] XIAO H, LI Z, CHEN C L P. Formation control of leader-follower mobile robots systems using model predictive control based on neuro-dynamics optimization [J]. IEEE Transactions on Industrial Electronics, 2016,63(9):5752-5762.

[20] BALCH T, ARKIN R C. Behavior-based formation control for multi-robot teams[J]. IEEE Transactions on Robotics and Automation, 1998,14(6):926-939.

[21] LIN J, HWANG K, WANG Y. A simple scheme for formation control based on weighted behavior learning[J]. IEEE Transactions on Neural Networks and Learning Systems, 2014,25(6):1033-1044.

[22] WEI R, BEARD R W. A decentralized scheme for spacecraft formation flying via the virtual structure approach[J]. Journal of Guidance Control & Dynamics, 2004,27(27):1746-1751.

[23] DONG L, CHEN Y, QU X. Formation control strategy for nonholonomic intelligent vehicles based on virtual structure and consensus approach[J]. Procedia Engineering, 2016,137:415-424.

[24] REN W. Consensus strategies for cooperative control of vehicle formations[J]. IET Control Theory & Applications, 2007,1(2):505-512.

[25] OLFATI S R, FAX J A, MURRAY R M. Consensus and cooperation in networked multi-agent systems[J]. Proceedings of the IEEE, 2007, 95(1):215 – 233.

[26] WU Z, GUAN Z, WU X, et al. Consensus based formation control and trajectory tracing of multi-agent robot systems [J]. Journal of Intelligent and Robotic Systems, 2007, 48(3): 397 – 410.

[27] XUE D, YAO J, CHEN G, et al. Formation control of networked multi-agent systems[J]. IET Control Theory & Applications, 2010, 4 (10): 2168 – 2176.

[28] LIU Y, JIA Y. Formation control of discrete-time multi-agent systems by iterative learning approach[J]. International Journal of Control, Automation and Systems, 2012, 10(5): 913 – 919.

[29] XUE D, YAO J, WANG J, et al. Formation control of multi-agent systems with stochastic switching topology and time-varying communication delays[J]. IET Control Theory & Applications, 2013, 7(13): 1689 – 1698.

[30] OH K K, AHN H. Formation control of mobile agents based on distributed position estimation[J]. IEEE Transactions on Automatic Control, 2013, 58(3): 737 – 742.

[31] BRINON A L, SEURET A, CANUDAS D W C. Cooperative control design for time-varying formations of multi-agent systems[J]. IEEE Transactions on Automatic Control, 2014, 59(8): 2283 – 2288.

[32] LI X. Control for formation of multi-agent systems with time-varying delays and uncertainties based on LMI[J]. Automatika Journal for Control Measurement Electronics Compu, 2016, 57(2): 441 – 451.

[33] YAN J, GUAN X, LUO X, et al. Formation control and obstacle avoidance for multi-agent systems based on virtual leader-follower strategy [J]. International Journal of Information Technology & Decision Making, 2013, 23(1): 1 – 16.

[34] REN W. Consensus strategies for cooperative control of vehicle formations[J]. IET Control Theory & Applications, 2007, 1(2): 505 – 512.

[35] REN W, SORENSEN N. Distributed coordination architecture for multi – robot formation control[J]. Robotics & Autonomous Systems,

2008, 56(4): 324 - 333.

[36] XIE G, WANG L. Moving formation convergence of a group of mobile robots via decentralised information feedback[J]. International Journal of Systems Science, 2009, 40(10): 1019 - 1027.

[37] QIN W, LIU Z, CHEN Z. A novel observer-based formation for nonlinear multi - agent systems with time delay and intermittent communication[J]. Nonlinear Dynamics, 2015, 79(3): 1651 - 1664.

[38] XIAO F, WANG L, CHEN J, et al. Finite-time formation control for multi-agent systems[J]. Automatica, 2009, 45(11): 2605 - 2611.

[39] DIMAROGONAS D V, JOHANSSON K H. Stability analysis for multi-agent systems using the incidence matrix: Quantized communication and formation control[J]. Automatica, 2010, 46(4): 695 - 700.

[40] LU X, AUSTIN F, CHEN S. Formation control for second-order multi-agent systems with time-varying delays under directed topology [J]. Communications in Nonlinear Science & Numerical Simulation, 2012, 17(3): 1382 - 1391.

[41] WANG Y W, LIU M, LIU Z W, et al. Formation tracking of the second-order multi-agent systems using position-only information via impulsive control with input delays [J]. Applied Mathematics & Computation, 2014, 246(C): 572 - 585.

[42] HAN L, DONG X, LI Q, et al. Formation tracking control for time-delayed multi-agent systems with second-order dynamics[J]. Chinese Journal of Aeronautics, 2017, 30(1): 348 - 357.

[43] DONG X, ZHOU Y, REN Z, et al. Time-varying formation tracking for second-order multi-agent systems subjected to switching topologies with application to quadrotor formation flying[J]. IEEE Transactions on Industrial Electronics, 2016(99): 1.

[44] LAFFERRIERE G, WILLIAMS A, CAUGHMAN J, et al. Decentralized control of vehicle formations[J]. Systems & Control Letters, 2005, 54(9): 899 - 910.

[45] FAX J A, MURRAY R M. Information flow and cooperative control of vehicle formations[J]. IEEE Transactions on Automatic Control, 2002, 35(1): 115 - 120.

[46] PORFIRI M, ROBERSON D G, STILWELL D J. Tracking and

formation control of multiple autonomous agents: a two-level consensus approach[J]. Automatica, 2007, 43(8): 1318 – 1328.

[47] DONG X, SHI Z, LU G, et al. Time-varying formation control for high-order linear swarm systems with switching interaction topologies [J]. IET Control Theory & Applications, 2014, 8(18): 2162 – 2170.

[48] ZHANG W, LIU J, WANG H. Ultra-fast formation control of high-order discrete-time multi-agent systems based on multi-step predictive mechanism[J]. Isa Transactions, 2015, 58: 165 – 172.

[49] DONG X, HU G. Time-varying formation control for general linear multi-agent systems with switching directed topologies [J]. Automatica, 2016,73: 47 – 55.

[50] 董希旺. 高阶线性群系统编队合围控制[D]. 北京: 清华大学, 2014.

[51] GU Y, SEANOR B, CAMPA G, et al. Design and flight testing evaluation of formation control laws[J]. IEEE Transactions on Control Systems Technology, 2006, 14(6): 1105 – 1112.

[52] 洪晔, 缪存孝, 雷旭升. 基于长机-僚机模式的无人机编队方法及飞行实验研究[J]. 机器人, 2010, 32(4): 505 – 509.

[53] CHEN B M, KAI Y L, TONG H L. Design and implementation of a leader-follower cooperative control system for unmanned helicopters [J]. Control Theory and Technology, 2010, 8(1): 61 – 68.

[54] YOU D I, SHIM D H. Autonomous formation flight test of multi-micro aerial vehicles[J]. Journal of Intelligent & Robotic Systems, 2011, 61(1): 321 – 337.

[55] KUSHLEYEV A, KUMAR V, MELLINGER D. Caitlin powers towards a swarm of agile micro quadrotors[J]. Autonomous Robots, 2013,35(4): 287 – 300.

[56] MATTEW T, NATHAN M, VIJAY K. Decentralized formation control with variable shapes for aerial robots [C]// 2012 IEEE International Conference on Robotics and Automation. Saint Paul, 2012:23 – 30.

[57] DONG X, YU B, SHI Z, et al. Time-varying formation control for unmanned aerial vehicles: theories and applications [J]. IEEE Transactions on Control Systems Technology, 2015, 23(1): 340 – 348.

第2章 航空集群自组织与能力涌现机制

航空集群作为一种人工复杂系统,其结构和行为与自然界中普遍存在的生物集群有很多类似之处,生物集群智能涌现机制是航空集群能力涌现的重要基础,如何借鉴生物集群智能涌现机理构建能力涌现机制是航空集群研究中的重要内容。本章着重讨论集群智能涌现的底层机制和概念模型,为航空集群能力涌现构建基础模型。

2.1　集　群　智　能

集群智能概念由 Gerardo Beni 和 Wang Jing 在 1989 年首次提出[1],文献[1-2]从不同侧面阐述了群体智能的概念,这里将集群与集群智能的概念综述如下。

定义 2.1　集群(swarm):一个由分布在一定空间范围内的大量自治个体组成的集合,在微观层面,个体之间采用直接方式或间接方式(改变局部环境及响应环境的改变)通信,个体具有局部感知能力并能对外部变化带来的刺激产生相应的反应行为。在宏观层面,整体会涌现出复杂而有序、协调一致的群体行为。

定义 2.2　集群智能(Swarm Intelligence,SI):由众多聚集在一定空间内的无智能/简单智能的个体通过激励与响应、交互与反馈的合作方式涌现出复杂而有序、协调一致的群体行为的特性。

集群智能是受自然界某些生物群体所拥有的集群智能现象启发而提出的一种人工智能模式,是对简单生物群体涌现现象的具体模式及其应用的研究,是人工智能的进一步发展。集群智能和传统人工智能在研究过程特点上有显著不同的特点。传统人工智能和集群智能的研究特性对比[3]见表 2.1。集群智能的这些研究特性使其成为构建无集中控制/全局模型的分布式无人系统的可行解决方案。

表 2.1   传统人工智能与集群智能的研究特性对比

	传统人工智能	集群智能
研究目标	研究和模拟复杂的人类智能行为	研究生物社会组织机制,模拟集群涌现特征
研究策略	自上而下	自下而上
控制特点	全局控制	局部控制
规则呈现	复杂规则	简单规则
行为表现	可编程行为	涌现式行为
逻辑方式	知识表示	避免复杂的知识表示和规划

依赖集群智能涌现机制运行的系统称为集群智能系统(Swarm Intelligence System,SIS)。从系统组织结构与过程来看,集群智能系统具有分布式控制、间接通信机制、个体行为规则简单、自组织机制、宏观行为涌现性等特点。

(1)分布式控制(distributed control)。系统中每个个体都是独立工作的,个体间耦合度低,所有个体通过解决"局部小问题"达到共同解决"全局大问题"的目的,系统的控制是分布式的(distributed),不依赖中心控制。

(2)间接通信(indirect communication)机制。系统可以以"激发工作(stigmergy)"机制进行通信,即集群中众多的个体以一个共同的环境为媒介而发生相互作用,其结果导致环境的更新,环境的这种新变化反过来又激励个体产生新的响应行为,这种以环境为媒介反复进行的激励与响应现象决定了未来环境和集群行为的的演化、演变方向,这是集群智能系统中特有的间接通信机制。这种间接通信机制使得系统可以不依赖或者减少全局直接通信机制。

(3)个体行为规则简单(simplicity)。每个个体的能力或遵循的行为规则非常简单,因而集群智能的实现比较方便,系统建模可以自下而上进行。

(4)自组织(self-organized)机制。系统可在没有外部控制与干预甚至没有内部集中控制的情况下,自发地进行从无组织(无序)到有组织(有序)的动态演化过程,也就是系统的有序度随时间的推移而增加。这是集群智能系统最重要的组织形式。

集群智能系统具有的不依赖全局中心控制的分布式控制特性、不依赖全局直接通信机制的间接/局部通信特性、不依赖复杂组件关系设计的个体行为规则简单特性、不依赖外部他组织机制的系统自组织特性,使得集群智能系统的整体功能可通过诸多局部功能的松耦合实现来实现。因而也使集群智能系统具备了如下优点:良好的鲁棒性(robust)、柔性(flexibility)、自适应性(self-adaption)和开放性(unrestricted)。良好的鲁棒性表现在系统不会因某一个或几个个体出现故障而影响全局性能的发挥;柔性使得系统中的局部成分或者个体的性能发挥具备弹性可变性,使系统结构形态容易根据需要而变迁;自适应性使得系统能不依赖外部控制而自主地、动态地适应环境状态的变化;开放性使得系统中个体可以方便地迁入迁出而不对系统全局功能带来巨大影响。集群智能系统的上述优点是传统的集中式控制系统所不具备的。

集群智能系统的上述组织结构特点及系统优点正是航空集群系统渴望具备的,因此,航空集群系统理论建模过程中应该充分研究自组织涌现机制和控制机制。

2.2　集群智能涌现机制

关于集群智能系统的研究,一般从系统组织形态、底层演化生机制等方面来展开。具有智能涌现特征的集群系统都具有自组织特性。具有自组织特性的系统中,若具备一定形式的交感机制和基于规则的决策/响应机制,才有可能具备智能涌现特性。人们将使得系统产生涌现特性的系统要素和作用关系的总和统称为集群智能涌现机制,它是人们研究集群智能系统的最为关心的方面。本书将从"自组织""涌现""交感""个体规则"等底层要素入手分析和阐述集群智能涌现机制。这里首先给出集群智能涌现的底层要素作用产生系统智能涌现的概念模型图(见图 2.1)。

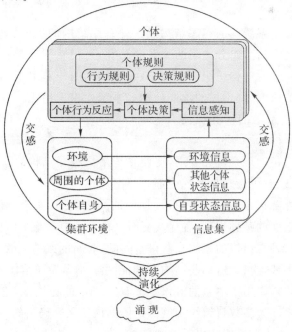

图 2.1　集群智能涌现机制概念模型图

下面介绍的"自组织""涌现""交感""个体规则"等概念可以理解为是从不同角度对集群智能系统做的概念阐述。"自组织"主要是强调系统的演化动力可以来自系统内部组分而不需要外部干预的系统特性;"涌现"则侧重于解释系统内微观层面到宏观层面的作用效果关系;"交感"解释的是系统内个体间相互作用如何形成;"个体规则"重在描述系统微观组分的响应机制。不能简单地将这几个概念间的关系理解为因果关系、递进或包含关系。

2.2.1 自组织

系统科学认为,从组织形态上来看,系统分类如图 2.2 所示[4]。

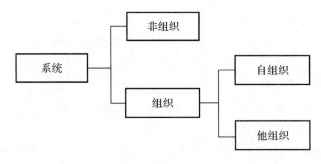

图 2.2 系统组织分类

所谓组织是指系统内的有序结构或这种有序结构的生成、演化的过程。系统的结构指系统中诸多组分之间的关系的总和,可粗略划分为有秩序的和无秩序的两类。有序结构叫作组织(有组织),无序结构叫作非组织(无组织)。人们关于任何系统的研究,绕不过的重要问题是系统由谁来组织?或者说系统作用来自何方?对该问题的回答促使自组织(self-organization)和他组织(hetero-organization)两个概念诞生。

人们通过大量的观察研究发现,促使系统形成有序结构的作用因素既可能来自系统外部,也有可能来自系统内部。德国理论物理学家 H. Haken 发现[5],一些系统依靠外部指令而形成组织,就是所谓的他组织;如果不存在外部指令,系统按照相互默契的某种规则,各尽其责而又协调地自动形成有序结构,就是所谓的自组织。这种自组织的系统在获得空间的、时间的或功能的结构过程中,没有外界的特定干涉,换言之,那些结构或功能并非外界强加给体系的,而且外界是以非特定的方式作用于体系的。该定义具有一定的通用性,它包含了一组广泛的自组织现象。大多数自组织实例都是依据该定义来确定的,例如,沙粒形成带有波纹的沙丘,化学反应物出现的螺旋,细胞产生高级结构化的组织,天鹅群的 V 字队形飞行,鱼成群移动,以及来自蚂蚁、蜜蜂、黄蜂和白蚁群体协作的例子等。

研究中,人们发现,对于系统有序性地产生演化过程而言,"自组织"相对于"他组织"更加富有奥妙,更为引人关注。关于"自组织",不同领域的科学家们从不同的角度给出了注解和阐述。

系统理论研究者认为,自组织是指混沌系统在随机识别时形成耗散结构的过程,主要用于讨论复杂系统,一个系统自组织功能越强,其保持和产生新功能的能力越强。从系统论的观点来说,"自组织"是指一个系统在内在机制的驱动下,自行从简单向复杂、从粗糙向细致方向发展,不断地提高自身的复杂度和精细度的过程;从热力学的观点来说,"自组织"是指一个系统与外界交换物质、能量和信息,而不断地降低自身的熵含量,提高其有序度的过程。

生物集群研究者认为,具有社会化特征的生物集群都具有自组织特性,可用于解释群居生物的群体协作现象。Bonabeau 和 Brussels 面向生态学给出了自组织的描述[2,6]:自组织不依赖个体的复杂性来解释群体级别的时空复杂性特征,而是应当认为简单个体之间的交互可以产生高度结构化的群体行为模式。在上述的描述中,复杂性和复杂模式是用来解释自组织系统全局特征的。复杂性是相对的,自组织产生复杂行为或复杂模式是相对于个体复杂性而言的。在群居昆虫中,个体的复杂性完全不足以用来解释群体的行为组织、灵活性和鲁棒性。复杂模式是一个比较模糊的概念,虽然通常表现在时空上为有组织的排列,但是在集群智能系统中这些模式不仅面向环境中的生物个体而且还面向非生命体。生物系统中自组织系统模式的例子包括军蚁的袭击纵队、蚂蚁协作觅食、萤火虫同步的亮光、白蚁土堆和蜂群筑巢等。

综上所述,综合微-宏观因素作用过程而言,复杂系统的自组织就是系统内部组分/底层单元(个体/子系统)按照某些特定局部规则同环境媒介及部分其他组分/单元发生交互作用,在一定时空空间内形成有序结构、全局模式/功能的系统演化过程。这个定义中,"规则"和"交互"是系统自组织的核心要素。系统自组织并不是外部影响施加给系统的性质,而是由系统自身结构呈现出的一种性质。自组织系统中无中心控制模块,也不存在一个部分控制另一部分,因而对于分布式、多智能体系统设计与构建提供了极人便利。

从系统科学的角度来看,一切系统都是自组织与他组织的对立统一体,系统的自组织和他组织机制有各自独特的作用。航空集群属于有组织的人造复杂系统,是一种分布式多智能体系统。传统的航空机群/编队可以被简单视为航空集群的萌芽形态,作为一种相对简单的系统,其组织形态以他组织为主。作为复杂系统的航空集群,出于构建系统能力涌现的需要,在组织机制上,他组织和自组织都是必不可少的系统组织形态。航空集群的他组织机制主要是为保证系统达到完成特定任务能力/目标、实现外部体系指控过程而必备的。航空集群的自组织机制则是为了降低系统指控复杂度和使具备更强更灵活的能力涌现智能特性而必备的。航空集群的自组织机制如何产生、自组织机制与他组织机制如何耦合作用,是航空集群系统理论构建过程中必须解决的关键问题。

2.2.2　涌现

(1)涌现的概念。集群行为(swarm behavior)是目前复杂性科学研究的一个焦点,这方面研究的工作很多,集群行为研究之所以吸引人们目光,主要原因是它的如下特征:一些分布式系统经自主演化呈现出的系统整体能力远大于个体能力的叠加,甚至是系统具有而组分/个体不具有的行为、属性、特征、功能等整体性质,称为涌现性(emergence)。从复杂性科学和产生机理来说,涌现性来自于组件间行为的非线性特征,是组件之间(微观层次 micro-level)的相互作用在系统整体(宏观层次 macro-level)上的宏观呈现现象,不属于任何组件。对于复杂系统而言,涌现是系统主要功能的存在方式,涌现性是系统功能的基本特性。涌现的本质就是由小到大,由简入繁[7],"复杂来自简单"这一涌现性的生成论表述,是复杂性科学的命题,相信复杂性是随着事物的演化从简单性中涌现出来的。根据复杂系统理论对于涌现的定义,只知道孤立的个体行为并不能了解整个系统的情况,仅仅研究孤立的部分无法有效地研究整体性质,因此,对涌现现象的研究必须既研究各个部分,又研究各个部分之间的相互作用。只有弄清系统中涌现现象的规律,才能真正了解和驾驭复杂系统。

在人工智能领域,相关学者将涌现与演绎、归纳一起归结为智能产生的三种模式。涌现是多个体、分布式的集群系统产生智能的主要模式,是集群智能系统的本质特征,没有涌现现象,就无法体现出集群智能。在集群智能系统研究中,人们认为涌现是指在自组织机制下,系统中的大量个体/组件在无中心控制的情况下演化出宏观有序的行为或产生能力非线性增强或产生个体不具备的新行为/能力特征的现象,是系统自组织机制在全局范围内呈现出的宏观结果。涌现是明显区别于系统中组分能力总成的,针这两者的区别穆勒给出了涌现以下的三个判据[8]:

1)一个整体的涌现特征不是其部分的特征之和;

2)系统涌现特征的种类与系统组分特征的种类完全不同;

3)涌现特征不能从独立考察组分的行为中推导或预测出来。

这三个判据也称之为可加性判据、新奇性判据和可演绎性判据。穆勒的这三个判据都是从特征的微-宏观联系来展开的。当我们说一个系统特征是涌现或总成的时候,也就隐含了这种特征的微-宏观联系的特点。

关于系统产生涌现的机理方法,即涌现机制问题,具体是指系统涌现与系统组件及其相互作用之间的对应关系,即明确某种系统涌现可以通过哪些/哪类组件及相互作用关系产生。涌现机制是人们构建集群智能系统中需要着重研究的问题。

(2)涌现与自组织的区别。在系统动态性方面,需要将涌现与自组织在概念上区分开来。和涌现一样,自组织也是系统的重要特征。实际系统中,涌现与自组织有着紧密的联系,但在概念上还是存在着较大差别。概念上,自组织和涌现的主要区别表现在以下几方面。

1)它们强调的是系统的不同方面。和自组织比较,涌现强调的是一致性宏观特征的产生;而自组织强调的是内部结构的动态、适应、自发的变化。

2)一个自组织系统,不一定产生涌现特征。例如,一个分布式问题合作求解系统,其计算节点都有一定的自主性,系统可以自发、动态地调整自己的结构,以完成问题的求解。但是,如果有一个控制计算节点拥有系统的全局目标,则这个系统不具有涌现性,因为在问题求解这个特征上,相对于控制计算节点来说,并不是新奇的。

3)一个具有涌现性的系统,不一定是自组织的。例如,仅由空气组成的热力学系统中,气体体积是气体分子相互作用的涌现特征,但是这样的系统不是自组织的。

(3)涌现的特征。文献[9]结合诸多文献对涌现的特征作了下述概括。

1)微-宏观效应。这是涌现最重要的特征,指的是系统底层微观活动产生高层宏观性质、行为、结构、模式等。

2)双向关联。它指的是微观与宏观的双向关联,即从微观到宏观产生微-宏观效应;从宏观到微观,微-宏观效应的结果对微观组分及其活动产生影响。

3)分散控制。它指的是系统没有指导其宏观行为的集中控制部分,只是利用局部的机制影响全局行为。也就是说,系统中的个体没有全局图景,其影响和作用是局部的。

4)完全新奇性。它指的是相对于微观层次的个体行为,系统的全局行为是新奇的。也就是说,微观个体没有全局行为的显式表示。

5)一致相关性。它指的是组分之间逻辑一致的关联关系。这种相关性约束着底层分散的组分,并使得它们相互关联起来,形成一个高层整体,从而使得涌现特征以一个和谐整体呈现出来,并表现出相对持久的模式。

6)此外,还有由这些特征衍生出的一些特性,如动态性、非线性、鲁棒性和柔韧性等。

2.2.3 交感

集群系统中个体之间如何进行信息交互与响应是个关键问题。在具有集群智能涌现特性的生物系统中,个体之间是通过一定的方式直接地、显式地进行信息交换与响应,也可能是通过某些媒质间接地、隐式地进行信息交换与响应,继而实现行为协同。这种直接或间接方式的信息交换与响应模式统称为交感。生物群体中,个体之间的直接/显式信息交互行为,如触角的碰触、食物的交换、发出声音、视觉观察等,对于群体行为涌现通常起着重要的作用;而与此相对的个体之间的间接/隐式信息交互(stigmergy)机制则更为微妙:它是生物群体的一种信息交互与响应机制,无数的个体以一个共同的环境为媒介而发生相互作用,也就是个体感知环境,并对此做出反应,其结果是导致环境的更新,这个新的环境又为这些个体提供了新的相互作用平台。从宏观上来看,这种间接/隐式信息交互也是一种将个体行为和群体行为联系起来的自组织机制,它使得个体之间通过作用于环境并对环境的变化做出反应来进行合作。总而言之,对于生物集群系统而言,环境成为个体之间交流、交互的媒介,生物个体和环境之间的这种响应与激励作用,最终导致了生物群体行为的涌现,决定了环境的演化方向。

生物集群中拥有直接交感和间接交感机制的例子很多。最典型的例子是蚁群,生物学研究表明蚂蚁仅有微弱的视觉,能够辨认方向,观察到附近不远的地形,为寻找食物提供一定的帮助,蚂蚁相遇后互相触碰触角也被视为是一种直接信息交换机制。蚂蚁还有一种重要的间接交感机制,就是通过信息激素作用进行信息交流。信息激素是蚂蚁体内的一些腺体不断制造出来的一类化合物,在蚂蚁个体间起通信联络作用,种类在55种以上。其中有一种主要的追踪激素,它是蚂蚁群体觅食、返巢、分工、构造墓地等活动的重要依据。在蚂蚁觅食过程中,食物源和蚁巢之间某条路径由于长度短从而单位时间内被蚂蚁往返经过的次数多,留下的信息激素浓度高,继而影响了越来越多的蚂蚁选择这条路径行走,最终涌现出蚁群具有选择最短路径的智能行为能力。蚁群觅食过程中这种通过环境中的信息激素为媒介的信息传递机制就是一种典型的间接交互机制。另外,鸟群飞行、鱼群游弋过程中,也采用直接或间接交互方式来实现信息的传递和协调。群体中,每个个体能够感知它周围一定范围内的其他个体的状态和位置,并利用这些信息来指导自身下一步的行动。

生物集群的交感模式具有无标度(scale-free)性质,即无论群体的规模多大,群内任一个体的运动状态变化都会影响到周围其他所有个体,这些个体的"异动"会进一步影响到更远处的其他个体,这使得集群中个体的"有效感知范围"要远远大于个体间直接交互的尺度,因此环境扰动无须作用于每个个体便可引发整个群体的反应。

从控制理论的角度来看,生物集群中复杂多样的交感机制的实质均以信息交互为前提,以与生俱来的趋利避害本能为信息响应机制,完美地实现了对有利行为加强和对不利行为抑制的正、负反馈机制。这种由交感机制巧妙产生的反馈机制正是系统控制理论中的重要要素。可以说,交感机制是形成群体智能涌现的核心基础,是自组织机制的重要内容。

2.2.4　个体

集群系统中,个体通常也被称为组件、组分或智能体,是系统的基本组成单元。

对于同一个系统,从不同层面、不同粒度去描述和观察,会得到不同的结论。虽然蚂蚁既具有一系列的神经节和神经团块,又有像人类一样的蕈形体(蚂蚁的大脑),具有简单的生物智能,但在集群智能的研究层面,需对单个蚂蚁的这些生理特征做简化,只是将其看作是具有简单学习能力的个体,而忽略蚂蚁大脑与神经的构造。当以揭示集群智能涌现的内在运行机制为目标时,将个体作为最小单元并对它的属性细节进行适当的简化是合理的,也是必要的。

在根据生物蚂蚁觅食行为构造蚁群系统模型时,研究人员抽象定义的人工蚂蚁具有以下功能和属性:人工蚂蚁能够识别环境(问题空间)中的信息激素及其变化,并做出不同的行为选择;人工蚂蚁有少量的记忆空间用来存储有关信息;人工蚂蚁的活动处在一个时间离散的环境中。

鸟类的个体生理结构和生物智能似乎比蚂蚁更复杂,但研究者在模仿鸟类觅食建立粒子群模型时,仅仅将每个鸟看作是有一定记忆能力并能够感知周围其他鸟的位置的个体粒子。

从总体组织结构上看,鱼群、鸟群等自然系统的集群智能都具有无中央集中控制的体系结构,集群中个体的地位是平等的,个体之间不存在控制与被控制的关系。人工集群系统中,出于系统控制的需要,可以设置适当的主控节点来控制和引导其他节点的行为。

2.2.5　个体行为规则

在集群系统的研究讨论中,组件之间的相互作用关系通常被离散化、具体化,并且和系统内的各个个体密切联系,称作个体行为规则。生物系统中个体的行为规则极为复杂,而且要受诸多客观因素的综合影响。在集群智能的模型描述中需对个体的行为规则进行抽象和简化。

　　根据个体行为的状态转移是否属于确定性特征,可将行为规则分为确定性行为规则和基于概率的行为规则[3,10]。确定性行为规则规定个体依据当前状态在有限种可能的行为中选择确定一个作为下一步的动作。例如蚁群墓地构造模型中,蚂蚁只能在棋盘格上根据周围8个方向上尸体的分布情况选择确定一个方向作为下一个要去的位置。基于概率的行为规则类似于遗传算法中的"选择"操作,利用条件概率、轮盘赌等方式选择下一步的行动方案。例如在蚂蚁觅食模型的 As 版本中,就采用轮盘赌的方式根据所要选择路径上的信息激素量和自启发量(如路径长度的倒数)随机确定下一个要游历的位置。另外,也有一些模型同时具有确定性和基于概率的混合行为规则,如在蚂蚁觅食模型的 ACS 版本中,当计算得到的概率大于某一阈值时,就按照确定性规则选择下一个位置;而小于这一阈值时,仍按概率进行选择。

　　根据个体行为是否具有主动性可分为刺激-反应的被动行为规则和基于学习的主动行为规则。对于刺激-反应的行为规则,只有当外界信号满足个体的特定条件时,个体才选择下一步的行动。例如在蚂蚁劳动分工的固定阈值模型中,当一给定任务的强度超过了某个蚂蚁对应的阈值时,它才开始执行该任务。对于基于学习的行为规则,由于个体具有不断地向其他个体或环境学习的能力,它会及时调整行为选择规则,进而根据新的规则进行选择。例如在蚂蚁劳动分工的时变阈值模型中,个体的学习可以降低其响应阈值,从而对选择概率产生影响。

　　对于人工集群系统智能/涌现的可控性而言,人们通常是从个体行为规则制订着手研究群体智能的可控性的。个体行为规则实际上是对生物集群中个体的交感机理的抽象与建模,即通过建立个体行为规则来模拟生物集群中个体之间复杂的信息响应机制,借此形成集群系统的反馈机制。

2.3　集群智能涌现机理概念模型

　　为后续讨论需要,这里集中讨论相关的集群智能涌现机理建模思想方法。

　　理论建模是理解集群智能涌现发生机理,了解个体行为与群体状态之间关系的重要手段。从已有研究文献归纳,集群智能涌现建模主要有两类方法:一类是基于集群整体的宏观方法[10-11],另一类为基于个体的微观方法[11-13],见表2.2。鉴于本书将面向航空集群展开研究,适用的方法是第二类,本节将着重研究基于个体的微观建模方法。

表 2.2 集群智能涌现机理建模分类对比

建模分类	基于集群整体的宏观方法	基于个体的微观方法
建模对象	集群整体	以个体为建模主体
建模方法	采用偏微分方程描述集群密度场及速度向量场的反应-扩散现象	通过常微分方程(连续型)或差分方程(离散型)描述个体的运动及交互规律
优缺点	通常对个体的具体交互行为不予考虑,因而宏观模型不能从个体的视角来分析群体行为	可同时考虑运动随机性、外部环境影响、个体生理、心理特异性等诸多现实因素,是对集群最直观和自然的一种建模方法

基于个体微观建模法考虑解释集群智能涌现机理的角度是个体遵循什么样的局部交互规则才能使集群产生协调有序的宏观集群行为。从已有文献概括,此类思想下的集群智能涌现建模方法又分为两类[10]:一类是 SCA 模型,另一类是非 SCA 模型,图 2.3 展示了基于个体的集群智能涌现机制模型分类。

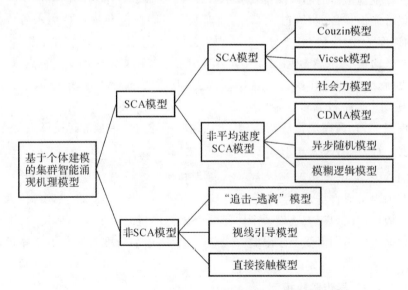

图 2.3 基于个体建模的集群智能涌现机理建模分类

针对航空集群的特点和讨论需要,这里选择介绍如下。

2.3.1 基于 SCA 规则模型

2.3.1.1 SCA 规则

SCA 规则是 Reynolds 在研究鸟群飞行行为仿真过程中提出的以下三条简单规则[14]：

(1)避撞(Separation)：每个个体都避免与邻近个体发生碰撞；

(2)聚集(Cohesion)：每个个体都竭力向周围邻居靠拢；

(3)结队(Alignment)：每个个体都尽量与邻居运动方向保持一致。

早期的一些研究者认为生物集群的速度一致是个体沿邻居平均方向运动的结果[11]，因而基于 SCA 规则建立了一些"速度平均 SCA 模型"，典型的有 Couzin 模型[15]、Vicsek 模型[16]、社会力模型[17]，这种模型在一定程度上促进了人们对于集群行为有序性产生机理的理解和认识，但随着近年来一些实证研究的深入展开，人们也认识到这种模型的一些不合理之处和局限性，如平均机制对于个别个体携带的特定"真理信息"具有"稀释"效应，不利于重要信息的传播扩散；在邻居状态分歧的情况下的一味平均实际上没有实际意义；以确定性的平均算法解释生物个体的随机决策具有不合理性；有些低等生物集群中的个体显然或者很可能不具备进行信息平均的处理能力。因此以平均信息为本质特征的"平均速度 SCA 模型"可能与一些生物集群智能涌现机制实际上并不相符。

非平均速度 SCA 模型的提出大多考虑了一些比较实际的交互特点，如异步状态更新、感知和动作执行的模糊性、交互近邻的选择性等，这些因素在经典 SAC 模型中通常被忽略。非平均速度 SCA 模型典型的有 CDMA 模型[18]、异步随机模型[19-21]、模糊逻辑模型[22]等，下面简要阐述这些模型的建模思想及特点。

2.3.1.2 CDMA 模型

CDMA 模型[18]实际上是将 SCA 规则转化为个体分层交感空间，并在不同空间范围内采取直接定义个体间的排斥、匹配、吸引及个体随机意愿等因素作用力和环境场作用力等方法描述个体间及个体与环境之间的交感作用力，个体状态变化率可以不同但受上限限制。也就是说，从运动角度看实际上个体运动加速度是时变的。

2.3.1.3 异步随机模型

异步随机模型将传统 SCA 模型中个体与周围所有邻居进行交感的做法调整为个体每一时刻仅与周围一个邻居发生交感，考虑到实际集群中的个体是完全独立和自主的且无中心控制性，因此采用更符合实际集群系统的异步状态更新机制。实际中,个体的信息感知不是精确全面的,而且存在决策随机性或者执行误差等不确定性因素,导致个体状态的协同过程具有较强随机因素,因此,异步随机模型本质上采取的"异步＋随机"的建模思想是接近生物实际情况的。异步随机模型在讨论个体间因性别、亲缘关系等形成的社会网络(social network)对于集群智能涌现的影响[23]以及集群导航中由少数个体所产生的"有效"引导现象[24]问题中取得了较好效果。

2.3.1.4　模糊逻辑模型

众所周知,生物个体的信息感知度和动作执行过程都具有模糊性。针对这个现实情况,基于模糊逻辑概念并结合鸟类的实际飞行特点,Bajec 等人[22]提出了以下 SAC 规则的模糊化实现方法。

(1)避撞规则。邻居太近且位于后方,则加速运动;邻居太近且位于左(右)前方,则右(左)转向并减速运动;邻居足够远及其他情况,则运动速度和方向不变。

(2)聚集规则。邻居较远且位于前方,则加速前进;邻居较远且位于左(右)后方,则右(左)转并减速;邻居足够靠近及其他情况,则速度和方向不变。

(3)一致规则。邻居距离合适且方向(速度)相同,则维持当前运动方向(速度);邻居距离合适但方向偏左(右),则左(右)转向;邻居距离合适但速度较慢(快),则减(加)速;邻居太远或太近及其他情况,则速度和方向不变。

模糊逻辑模型的特点是建模思想自然逼真,其保持特定空间构型的能力明显优于经典 SAC 模型,并且个体行为非常容易扩充,人们从生物群体观察所得出的非精确的、语言化的、定性的个体交互描述,可直接转化为新的运动规则,这一特点是其他集群模型所不具备的。

2.3.2　非 SCA 规则模型

近年来,一些研究者在 SAC 规则之外相继发现了一些新的能够产生自组织集群运动的个体交互形式,并且基于此提出了一些新的非 SAC 规则的集群模型。具有代表性的如"追击-逃离"模型、视线引导模型和碰撞模型等。

2.3.2.1　"追击-逃离"模型

文献[25]研究了蝗虫群的运动特征,基于此,文献[26]提出了一种"被动非合作交互"规则的集群运动模型,该模型仅包括"追击"和"逃离"两种个体运动形式,个体规则如下:当有同类个体自后方靠近时,个体向前加速逃离;当发现前方邻居远离时,则加速追赶。除此之外个体间再无其他交互。

在"追击-逃离"模型中,追击规则能促使个体聚集,其持续作用能促使集群趋于涌现高密度"团簇"行为;逃离规则作用相反,能促成个体彼此疏远,其持续作用可使集群中个体在一定空间范围内趋于涌现均匀分布状态。这两种规则共同发挥作用时,集群涌现的运动行为介于上述两种极限涌现行为之间,通常可使集群涌现出个体带有疏密波浪状形状的同向运动行为。在个体初始速度方向有明显差异的情况下,单独的追击规则作用可促成集群涌现稳定的漩涡运动,这种运动模式在鱼群中是常见的。

2.3.2.2 视线引导模型

视觉感知是多数动物获取环境信息的主要途径,传统的集群理论模型一般都是只关注感知的范围而不考虑视线遮蔽这个现实因素,只对个体感知过程加以理想化抽象。视线引导模型[27-28]充分考虑了一些生物集群视觉感知能力强的特点,是一种"视线(line of sight)"作为主要交感方式的集群模型,建模过程中,将个体的视野离散化为视线,并将视线方向上出现的其他个体及障碍物均以"碰撞时间"刻画,以此为基础,假设在运动过程中,所有个体遵循以下两条简单启发式规则:

(1)在不与自身期望前进方向偏离过大的情况下,优先选择视野内最为畅通的视线方向运动;

(2)维持一个合适的运动速度,以确保有足够的时间完成避撞减速。

相比传统 SCA 模型而言,视线引导模型在刻画个体间交感方式方面另辟蹊径,通过寻找无障碍通路实现排斥运动[27],通过趋向近邻的高密度分布方向完成吸引交互。这种交感机制模型的特点是,个体只须关注视场的结构特征,而无须考虑不同邻居的具体状态。但换个角度来看,这种做法实际上提供了一种独特的信息提炼和压缩机制,大量邻居对个体的影响被视场代替,使得个体运动协同过程大为简化。

本 章 小 结

本章阐述了集群智能的概念;从自组织、涌现、交感、个体、个体行为规则等微观层面解释了集群智能涌现的底层机制;在此基础上,阐述了集群智能涌现机理概念模型,包括基于雷诺兹规则的 SCA 类模型和非 SCA 规则模型两大类,这些模型从概念上描述和再现了集群智能的涌现过程,是进行集群系统建模的重要基础。

参 考 文 献

[1] GERARDO B, JING W. Swarm intelligence in cellular robotic systems [C]. Tokyo: Proc. 7th Ann. Meeting of the Robotics Society of Japan, RSJ Press, 1989:425 – 428.

[2] BONABEAU E, DORIGO M, THERAULAZ G. Swarm intelligence: from natural to artificial systems[M]. New York: Oxford University Press, 1999: 40 – 58.

[3] 梁晓龙,孙强,尹忠海,等.大规模无人系统集群智能控制方法综述[J].计算机应用研究,2015,32(1):11 – 16.

[4] 苗东升.系统科学大学[M].北京:中国人民大学出版社,2007.

[5] HAKEN H. The challenge of complex systems. Information and self-organization a macroscopic approach to complex systems[M]. second enlarged edition. Berlin: Springer-Verlag,2000.

[6] PAOLO G, BENJAMIN S, ERIC B. Swarm intelligence: a new c2 paradigm with an application to control swarms of UAVs[R]. Geneva: DTIC Document, 2003.

[7] TIMOTHY O C, HONG Y. Emergent properties [J]. American Philosophical Quarterly, 2002, 21(2):91.

[8] AUYANG S Y. Foundations of complex-system theories: in economics, evolutionary biology, and statistical physics [M]. Oxford: Oxford University Press, 1998.

[9] 金士尧,黄红兵,范高俊. 面向涌现的多 Agent 系统研究及其进展[J]. 计算机学报, 2008, 31(6):881 – 895.

[10] 刘明雍,雷小康,杨盼盼,等.群集运动的理论建模与实证分析[J].科学通报,2014,59(25): 2464 – 2483.

[11] GIARDINA I. Collective behavior in animal groups: theoretical models and empirical studies[J]. IIFSP J, 2008, 2: 205 – 219.

[12] VICSEK T, ZAFEIRIS A. Collective motion[J]. Phys Rep, 2012, 517: 71 – 140.

[13] SCHELLINCK J, WHITE T. A review of attraction and repulsion models of aggregation: methods, findings and a discussion of model validation[J]. Ecological Modelling, 2011, 222(11): 1897 – 1911.

[14] REYNOLDS C W. Flocks, herds and schools: a distributed behavioral model[J]. Computer Graphics, 1987, 21(4):25 – 34.

[15] COUZIN I D, KRAUSE J, JAMES R, et al. Collective memory and spatial sorting in animal groups[J]. Journal of Theoretical Biology, 2002, 218: 1 – 11.

[16] COUZIN I D, KRAUSE J, FRANKS N R, et al. Effective leadership and decision-making in animal groups on the move[J]. Nature, 2005, 433: 513 – 516.

[17] COUZIN I D, IOANNOU C C, DEMIREL G, et al. Uninformed individuals promote democratic consensus in animal groups[J]. Science, 2011, 334:1578 – 1580.

[18] 孙强, 梁晓龙, 尹忠海, 等. UAV 集群自组织飞行建模与控制策略研究 [J]. 系统工程与电子技术, 2016, 38(7):1649 – 1653.

[19] LEMASSON B H, ANDERSON J J, GOODWIN R A. Collective motion in animal groups from a neurobiological perspective: The adaptive benefitsof dynamic sensory loads and selective attention[J]. Journal of Theoretical Biology, 2009, 261: 501 – 510.

[20] LEI X K, LIU M Y, LI W B, et al. Distributed motion control algorithm for fission behavor of flocks[C]//Proceedings of the 2012 IEEE International Conference on Robotics and Biomimetics (ROBIO), Guangzhou: IEEE Press, 2012: 1621 – 1626.

[21] 雷小康, 刘明雍, 杨盼盼. 基于邻域跟随的群集系统分群控制算法[J]. 控制与决策, 2013, 28: 741 – 745.

[22] BAJEC I L, ZIMIC N, MRAZ M. Simulating flocks on the wing: the fuzzy approach [J]. Journal of Theoretical Biology, 2005, 233: 199 – 220.

[23] BODE N W F, WOOD A J, FRANKS D W. The impact of social networks on animal collective motion[J]. Anim Behav, 2011, 82: 29 – 38.

[24] BODE N W F, FRANKS D W, WOOD A J. Leading from the front? social networks in navigating groups[J]. Behav Ecol Sociobiol, 2012, 66:835 – 843.

[25] BUHL J, SUMPTER D J T, COUZIN I D, et al. From disorder to order in marching locusts[J]. Science, 2006, 312: 1402 – 1406.

[26]　ROMANCZUK P，COUZIN I D，SCHIMANSKY G L. Collective motion due to individual escape and pursuit response[J]. Phys Rev Lett，2009，102：010602.

[27]　MOUSSAID M，HELBING D，THERAULAZ G. How simple rules determine pedestrian behavior and crowd disasters[J]. Proc Natl Acad Sci USA，2011，108：6884 – 6888.

[28]　FOTOWAT H，GABBIANI F. Collision detection as a model for sensory-motor integration[J]. Annu Rev Neurosci，2011，34：1 – 19.

第3章　航空集群涌现控制机制建模

航空集群主要是由单功能和多功能航空飞行器构成的,是传统航空机群/编队的高级发展形态,具有较高的自主作战能力。航空集群通常是具备有限自主能力的多架航空器在不依赖集中指挥控制的情况下,通过相互信息交互产生整体效应,实现较高程度的自主协同,从而能在尽量少的人员干预下完成预期的任务目标[1-2]。航空集群能力涌现通常借助生物集群涌现机制产生,基于生物集群智能涌现机制的集群智能涌现控制机理是航空集群的重要研究内容,也正是本章需要展开讨论的内容。

3.1　集群智能控制的特点

生物集群和包括航空集群在内的各种人工系统都属于复杂系统,集群智能涌现控制问题需要从复杂系统控制理论角度展开讨论。复杂系统的基本特性是[3-4]:由大量相互作用的组件构成,具有层次性结构(hierarchy)和网络化特点,组件间的相互作用具有多样性、可变性,且以非线性方式为主,系统的主要功能来自涌现行为,系统具有适应进化性(adaptive-evolutionary)、自组织性(self-organization)。从复杂系统的基本特性和控制论的基本思想出发,集群系统控制的基本特点可以概括为以下两方面:

(1)控制策略的制订以系统涌现为目标,依赖于系统涌现机制;

(2)控制的实施是控制策略与系统涌现的开放动态协调过程。

集群涌现控制[5-11]是一般系统控制的重要分支,是已有的控制理论与控制方法在复杂系统领域的延伸与拓展。集群涌现控制通常被视为一种使系统行为朝既定方向演变的系统自组织过程,人们也将这种控制机制称为"诱导控制"。集群系统的涌现机制本质上是一定范围内个体/组件及相互作用与涌现之间的关系,因此,集群系统控制应以这种涌现机制为基础,不破坏集群的自组织特性,集群系统的控制器往往不是直接作用于受控对象,而是需要根据涌现机制选取特定因素(受控系统组分/组件或相互作用关系)实施控制行为,通过改变一定范围内个体/组件的响应行为、响应强度或(和)作用关系、系统结构的状态(重构、重调)实现相应系统涌现的控制,最终实现控制目标。由此可见,和传统系统控制机制的特征不同,集群系统的控制是面向涌现的分布式控制,其控制过程通常施加在系统底层单元及其作用关系上,耦合于自组织机制中,即通过控制集群大量底层单元/组件及其相互作用关系实现系统控制。

集群系统控制与系统涌现属性对应层次模型如图 3.1 所示。

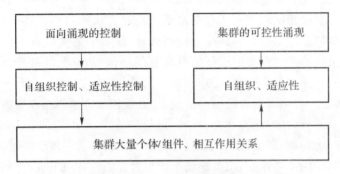

图 3.1　集群系统控制与系统涌现属性对应层次模型

为方便讨论给出以下定义:

定义 3.1　集群系统结构:组成集群系统的个体组分/组件及它们之间相互作用关系的整体描述。

定义 3.2　集群系统重构:在缺乏满足控制目标的系统涌现行为的情况下,以其涌现机制为依据,通过改变一定范围内系统个体组分/组件间的相互作用关系存在状态使集群系统产生该涌现行为。

定义 3.3　集群系统重调:以某种系统涌现行为为目标,在集群系统结构不发生变化的前提下,改变组件间相互作用强度。

集群系统控制的核心问题有以下三方面[3]。

(1)涌现产生机制。涌现产生机制是实现复杂系统控制的基础,其内容主要关注使系统产生特定行为涌现的系统结构。

(2)控制实现方式。控制实现方式是指实现控制目标的手段,主要包括基于控制强度和基于作用关系两种类型。基于作用关系包含两方面:根据控制目标建立和取消组件间相互作用关系(系统重构),以及在已有相互作用关系的基础上通过改变相互作用关系的程度实现控制目标。

(3)混合情形下的控制。混合情形下的控制即面向组成部分行为的控制和面向相互作用关系的控制同时存在。

3.2 集群智能控制机制基础概念模型

3.2.1 集群智能涌现控制一般过程

面向涌现的控制是集群系统控制的基本形式与一般方法,它立足于以系统涌现和一般控制思想的耦合来实现集群系统控制方法的特征描述。具体来讲,面向涌现的控制方法是指在具体实施控制的过程中,需要关注由于某个或某些系统可控变量的值发生改变而引起的系统涌现变化,并以此判断是否达到控制目标。有以下 3 种途径实现面向涌现的控制[4,10]。

(1)直接法。在明确涌现机制的前提下,通过控制方法直接改变组件的结构和行为实现系统行为的改变。

(2)系统重调。在明确涌现机制且保持系统结构不发生改变的情况下,改变组件间的相互作用关系强度,使系统涌现产生目标条件约束下的改变。

(3)系统重构。根据既定控制目标,在明确涌现机制的基础上,通过改变系统组件间相互作用关系,使系统产生新的涌现。

图 3.2 所示为面向涌现的集群系统闭环控制的一般过程。其中,C 表示受控系统个体/组件的集合;IA 表示这些个体/组件间的相互作用关系(行为规则)。

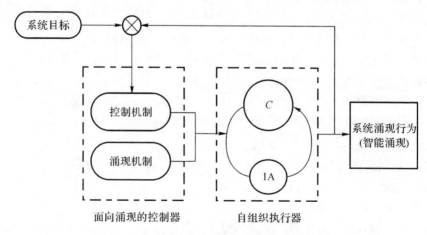

图 3.2　面向涌现的集群系统控制一般过程

在集群系统控制中,施控者(controllers)可作为系统的组成部分存在,例如群中存在领导者个体、软控制方法中的少量受外部控制个体;施控者通过相互作用关系改变相关联的个体/系统组件的结构或行为,这种改变引起的系统自组织过程最终表现为系统涌现发生改变,即以系统涌现按照既定约束发生改变作为控制目标。

根据复杂系统控制的核心问题,以及复杂系统的涌现特征,将集群智能的涌现控制分为直接控制法类型、基于系统结构的控制法类型和混合控制法类型。

3.2.2　直接控制法类型

在直接控制法(Direct Control Scheme)的控制过程中[4,10],施控者只关心控制对象的变化,并以此作为调整控制策略的依据。在该控制方法中,受控对象通常是系统的某种涌现行为;该类方法的控制目标是建立在对该系统涌现规模进行调整的基础之上的。控制实施过程中,通过改变控制的强度实现对相应系统涌现规模的控制。通常情况下,这一类控制需要建立精确的控制模型,精确的模型来自对目标系统的充分认识或大量的历史数据积累。集群智能涌现的直接控制法一般过程如图 3.3 所示。

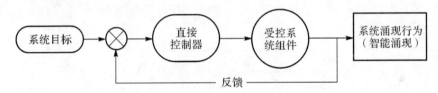

图 3.3　集群智能涌现直接控制法一般过程

例如,若以大量攻击型 UAV 组成集群,采用进行饱和式/自杀式攻击战术(蜂群战术)对敌方航母等确定目标的应用过程中,可以直接为每个 UAV 个体设定目标位置坐标,UAV 集群在执行任务过程中自组织地进行飞行控制直奔目标而去。在这个过程中,系统目标是所有个体均朝向同一个固定目标飞行,直接控制器就是个体不断地直接控制其朝向给定目标的飞行方向。控制目标是每个个体向给定目标的飞行方向,控制直接施加在每个个体上。控制机制耦合于UAV 集群自组织飞行模型,控制过程是自组织的。

直接控制法是集群智能涌现控制的基本手段之一,在集群系统控制中,直接控制法一般不单独使用,通常与其他类型的控制方法混合使用。另外需要说明的是,在诸如 UAV 集群这样的高可控性要求的系统中,必要情况下可能对集群中的全部/部分个体实施一定的外部控制以达到完成任务的要求,此时,这种控制可以通过直接控制法来实现,当然相对于集群系统的自组织机制而言,这种控制是他组织的。

3.2.3 基于系统结构的控制法类型

基于系统结构的控制法(System Structure based Control Scheme)[4,9-10]是在确定系统涌现机制的基础上,通过改变个体/组件间相互作用关系的存在状态(即系统重构)或作用强度(即系统重调)的方法实现对系统涌现行为的控制。具体来说,系统重构就是根据控制目标通过改变特定组件间相互作用关系的存在状态(增加、取消)实现相应系统涌现行为的建立。系统重调就是在已有的系统结构的基础上,通过改变组件间相互作用程度实现对相应系统涌现的控制。

(1)系统重构(System Re-Structuring)。系统重构是集群系统控制的基本手段之一。在明确相应的涌现机制的条件下,现有系统结构无法满足给定的涌现目标需求,则可考虑通过系统重构控制机制进行系统结构转换,之后面向涌现目标采用适当控制机制诱导集群产生希望的行为涌现。图 3.4 所示为系统重构的基本过程。其中,SRSC 表示系统重构控制器(System Re-Structuring Controller);C_1 及 IA_1 表示旧的系统结构中的系统组件集和相互作用关系集;C_2 及 IA_2 表示系统重构后新的系统结构中的系统组件集和相互作用关系集。

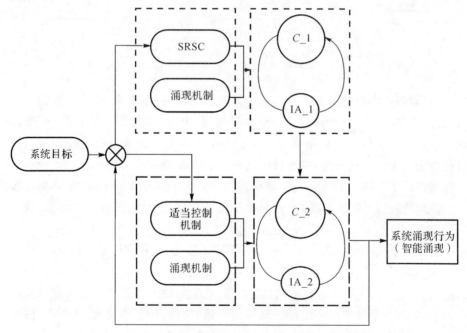

图 3.4 带有系统重构的集群智能涌现控制一般过程

（2）系统重调（System Calibration）。系统重调是也集群系统控制的基本手段之一。在明确集群涌现机制的基础上，不改变系统结构，通过改变集群系统中一定范围内个体/组件间相互作用关系的作用强度，使系统涌现行为发生改变以达到控制目标。图 3.5 所示为系统重调的基本过程。其中，SCC 为系统重调控制器（System Calibration Controller）；C 表示集群系统中一定范围内的若干个体/系统组件集；IA 表示由控制器创建的上述组件间的相互作用关系集，它们之间的虚线表示作用关系强度受 SCC 控制器控制而变化。

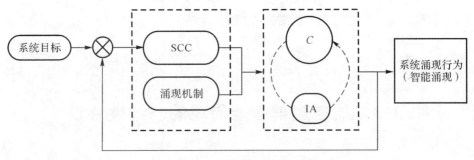

图 3.5　系统重调控制一般过程

3.2.4　混合控制法类型

混合控制法（Aggregated Control Scheme）是指在实施控制过程中，根据控制目标的要求，同时涉及直接控制法和基于系统结构的控制法。其基本过程可以做如下描述：控制器 EOC 根据系统目标、涌现机制以及系统涌现行为反馈选择三种基本控制方法，通过对一定范围内的受控组件和其间的相互作用关系实施相应控制，实现对应的系统涌现行为的改变。

如图 3.6 所示为混合类型的复杂系统控制过程。其中，EOC 为面向涌现的控制器（Emergence-Oriented Controller）；DSC 表示直接类型控制器（Direct-Scheme Controller）；SRSC 是系统重构控制器（System Re-Structuring Controller）；SCC 是系统重调控制器（System Calibration Controller）。

混合类型控制法是实际系统中较常用的类型，是直接控制类型、系统重构类型和系统重调类型的有机叠加。上述 3 种基本控制类型是混合控制器实施控制的基本手段，混合控制器在结合系统目标、输出反馈和涌现机制等条件后，选择符合当前控制要求最有效的方法。

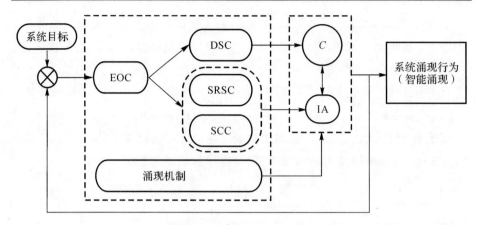

图 3.6　混合类型的控制过程

3.3　航空集群智能涌现的一致性协议

3.3.1　集群智能一致性的概念

航空集群是多智能体分布式系统,在多智能体分布式协调合作控制问题中,一致性问题是智能体之间合作协调控制的基础[12-17],具有重要的现实意义和理论价值。

定义 3.4　一致性:集群系统通常由在空间随机分布着的一定规模的自治智能体组成,随着时间的演化,这些智能体之间经由基于局部信息的相互耦合作用,在无集中式协调控制及全局通信的情形下,所有智能体的某一状态可达成共享或趋于一致。

从本质上来讲,群集系统的智能涌现就是达成某种状态一致性。一致性研究本质上就是对集群智能涌现的研究。

定义 3.5　一致性协议:泛指分布式系统中智能体之间的交互作用及其信息传递规则,其描述的是任意智能体与其邻近智能体间的信息交换过程。

为表述方便,这里约定将分布式系统中以个体 i 的行为模型为载体的一致性协议记为 u_i。

一致性协议本质是智能体之间通过相互作用规则及传递信息规则描述每个智能体和与其相邻的智能体的信息交换过程。当一组智能体要合作共同去完成一项任务时,合作控制策略的有效性表现在多智能体必须能够应对各种不可预知的形势和突然变化的环境,必须对任务达成一致意见,这就要求智能体随着环境的改变能够达到一致。因此,智能体之间协调合作控制的一个首要条件是多智能体达到一致。

这里介绍几类常用一致性协议[15-17]。设分布式多智能体系统由 n 个智能体组成,$I = \{1,2,\cdots,n\}$ 为个体索引号的集合,以向量 $\boldsymbol{x}_i(t)$ 表示个体 i 在 t 时刻的状态。

定义 3.6　状态 x 一致性:当且仅当对于任意的 $i,j \in I(i \neq j)$,多智能体系统中各智能体状态 $\boldsymbol{x}$ 满足方程

$$\lim_{t \to \infty} \| \boldsymbol{x}_i(t) - \boldsymbol{x}_j(t) \| = 0$$

时,称协议 $\boldsymbol{u}_i$ 解决了集群系统的状态 x 的一致性问题。

定义 3.7　状态 x 平均一致性:若多智能体系统最后的一致性是系统初始状态的平均值,即

$$\lim_{t \to \infty} \boldsymbol{x}_i(t) = \frac{1}{n} \sum_{j=1}^{n} \boldsymbol{x}_j(0), \quad 任意 i \in I$$

则称系统达到了平均一致性,协议 $\boldsymbol{u}_i$ 解决了集群系统的平均一致性问题。

定义 3.8　状态 x 分组一致性:如果个体索引集 I 存在一个分割 $\{I_1, I_2, \cdots, I_m\}$,使得:当 i,j 在相同的索引指标集 I_k 内时

$$\lim_{t \to \infty} \| \boldsymbol{x}_i(t) - \boldsymbol{x}_j(t) \| = 0, \quad i,j \in I_k, k = 1,2,\cdots,m$$

当 i,j 在不同索引指标集内时

$$\lim_{t \to \infty} \| \boldsymbol{x}_i(t) - \boldsymbol{x}_j(t) \| > 0, \quad i \in I_r, j \in I_s, r \neq s; r,s \in \{1,2,\cdots,m\}$$

则称协议 $\boldsymbol{u}_i$ 解决了集群系统的分组一致性问题。

3.3.2　基于二阶动力学模型的集群智能一致性协议

在一些实际的物理系统中,个体(即控制对象)一般用牛顿第二运动定律来描述,如无人飞机和移动机器人等,因此相比于一阶多智能体系统,二阶多智能体系统更具实际物理意义[17]。因而,集群状态的涌现研究中,可以利用个体状态迁移速度和状态迁移速度的变化趋势来建模。

定义 3.9　集群系统二阶动力学模型:一般地,集群中智能个体状态迁移过程可用二阶动力系统描述为

$$\begin{cases} \dot{\boldsymbol{x}}_i(t) = \boldsymbol{v}_i(t) \\ \dot{\boldsymbol{v}}_i(t) = \boldsymbol{u}_i(t) \end{cases}, 任意 i \in \{1,\cdots,n\}$$

式中:$\boldsymbol{x}_i(t)$ 表示个体 i 在 t 时刻的状态;$\boldsymbol{v}_i(t)$ 表示该状态在 t 时刻的变化率;$\boldsymbol{u}_i(t)$

为集群系统的控制律。

二阶动力学模型的控制律 $u_i(t)$ 是对集群系统涌现性施加控制的重要抓手。

定义 3.10   集群系统二阶一致性协议：以集群系统二阶动力学模型为基础，以实现集群系统涌现性控制为目标而设计/构造的控制律 $u_i(t)$ 称为集群系统二阶一致性协议。

基于集群系统二阶动力学模型的一致性协议不仅要求个体的状态点趋于一致，同时也要求个体的状态变迁速度也要趋于一致。一般而言，二阶系统的一致性可分为静态一致和动态一致。

静态一致是指：

$$\lim_{t\to\infty}\left[\boldsymbol{x}_i(t)-\boldsymbol{x}_j(t)\right]=\boldsymbol{0},\lim_{t\to\infty}\boldsymbol{v}_i(t)=\boldsymbol{0}, \text{任意} i,j\in\{1,\cdots,n\}$$

即随着时间无穷大，个体间的状态位置逐渐靠近，同时个体的状态速度趋于 0，同时动态一致是指而动态一致是指：

$$\lim_{t\to\infty}\left[\boldsymbol{x}_i(t)-\boldsymbol{x}_j(t)\right]=\boldsymbol{0},\lim_{t\to\infty}\left[\boldsymbol{v}_i(t)-\boldsymbol{v}_j(t)\right]=\boldsymbol{0},$$

$$\lim_{t\to\infty}\boldsymbol{v}_i(t)\neq\boldsymbol{0}, \text{任意} i,j\in\{1,\cdots,n\}$$

即随着时间无穷大，个体间的状态位置逐渐靠近，同时个体的状态迁移速度也趋于相同，并且最终速度不为 0。

3.3.3   基于一致性协议的集群智能涌现性控制研究思想

从集群智能一致性的概念可以看出，借鉴集群机理，提取出合理的个体运动行为控制规则，通过个体的交互作用，可使群体的每个智能个体的某一状态趋于一致，从而使整体呈现出涌现的行为。运用智能个体动力学特性进行集群智能一致性涌现研究的思路[18-21]是：首先，针对个体建立仅有若干特征信息的个体运动力方程，对智能个体的感知和状态变迁特性进行动力学描述，使每个个体执行相同的状态变迁控制算法；其次，研究群体系统在个体交互作用下所形成的集群状态变迁行为的一致性；最后，提出基于局部感知的个体有界交互作用的集群模型。

从集群智能可控性的角度来看，群体智能一致性问题就是建立一种智能体的输入控制，使得各智能体的某些状态量随着时间推移达到一致。研究多智能体系统一致性的主要方法是利用控制理论和数学建模相结合的思想，利用智能体之间的局部通信关系使用图论知识建立拓扑图，进而使用李亚普诺夫稳定性定理进行分析。

本 章 小 结

　　本章主要阐述了集群智能控制的特点与核心问题,建立了集群智能控制概念模型,指出可通过直接控制法、系统重调法、系统重构法及混合控制法来实现集群智能控制。阐述和分析了集群智能的一致性协议和基于二阶动力学系统的一致性协议概念。本章内容是集群智能系统建模的重要理论基础。

参 考 文 献

[1]　梁晓龙,李浩,孙强,等. 空中作战发展特征及对策[J]. 空军工程大学学报(军事科学版),2014,14(3):4-7.

[2]　胡利平,梁晓龙,张佳强,等. 航空集群系统构建机理研究[J]. 火力与指挥控制, 2017, 42(11):142-145.

[3]　苗东升. 系统科学大学讲稿[M]. 北京:中国人民大学出版社,2007.

[4]　肖人彬. 群集智能特性分析及其对复杂系统研究的意义[J]. 复杂系统与复杂性科学,2006, 3(3): 10-19.

[5]　肖人彬. 面向复杂系统的群集智能[M]. 北京:科学出版社,2014.

[6]　梁晓龙,孙强,尹忠海,等. 大规模无人系统集群智能控制方法综述[J]. 计算机应用研究,2015,32(1):11-16.

[7]　张尊栋,贾利民,柴园园. 复杂系统普适性控制方法的研究[C]//第 27 届中国控制会议论文集. 昆明,2008:504-508.

[8]　孙强,梁晓龙,尹忠海,等. UAV 集群自组织飞行建模与控制策略研究[J]. 系统工程与电子技术, 2016, 38(7):1649-1653.

[9]　雷小康,刘明雍,杨盼盼. 基于邻域跟随的群集系统分群控制算法[J]. 控制与决策, 2013, 28: 741-745.

[10]　刘明雍,雷小康,杨盼盼,等. 群集运动的理论建模与实证分析[J]. 科学通报,2014, 59(25): 2464-2483.

[11]　胡利平,梁晓龙,张佳强. 基于 Multi-Agent 的航空集群系统重构机理研究[J]. 火力与指挥控制, 2016(11):84-88.

[12]　樊琼剑,沈春林. 多无人机协同编队仿生飞行控制关键技术研究[D]. 南京:南京航空航天大学,2008.

[13]　刘佰龙,张汝波. 群集智能理论及其在多机器人系统中的应用研究[D].

哈尔滨:哈尔滨工程大学,2008.

[14] 梁晓龙,刘流,何吕龙,等. 基于固定时间一致性的无人机集群构型变换[J]. 系统工程与电子技术,2018,40(7):1506-1512.

[15] 曹诗杰,陈于涛,曾凡明. 基于改进强化学习的无人艇集群一致性控制[J]. 华中科技大学学报(自然科学版),2019(9):42-47.

[16] 王银涛,严卫生. 多自主水下航行器系统一致性编队跟踪控制[J]. 控制理论与应用,2013(3):110-115.

[17] 薛志斌. 智能群体系统集群行为的动力学建模与分析及其仿真研究[D]. 兰州:兰州理工大学. 2012.

[18] 程代展,陈翰馥. 从集群到社会行为控制[J]. 科学导报,2004(8):4-7.

[19] 肖人彬. 群集智能特性分析及其对复杂系统研究的意义[J]. 复杂系统与复杂性科学,2006,3(3):10-19.

[20] WANG Y, MAO X Z, LIU J P. Soft control for swarm systems with simple attraction and repulsion functions[C]//IEEE 2009 Second International Conference on Intelligent Networks and Intelligent Systems. Tianjin, 2009:482-485.

[21] 潘福臣,陈雪波,李琳. 群集模型的软控制研究[J]. 科学技术与工程,2009,9(17):4095-4099.

第 4 章 无人航空集群自组织
控制方法

无人航空器集群(Unmanned Aircraft Vehicle Swarm,UAVS)是航空集群的一种重要形式,它是由一定数量的单功能和多功能无人航空飞行器组成的分布式空中移动系统,它在交感网络的支撑下,节点具有交互与反馈、激励与响应等交感行为,系统整体具有涌现特点,可实现单个平台行为自主决策、平台间行为协同,最终产生能力涌现。

无人航空集群在执行各种复杂任务的过程中,最基本的集群行为就是集群飞行。目前,无人航空飞行器飞行过程中往往是根据事先规划的航迹,由地面或者空中操控人员发出的遥控指令操作每架航空飞行器飞行的[1-5]。这种方法在由大量航空飞行器组成的机群的飞行过程中将变得困难重重。由大量航空飞行器组成集群在尽量不依赖外部体系指挥控制的情况下的集群自组织飞行是航空集群应用中的基础问题。本章将着重围绕 UAV 集群飞行运动行为涌现与控制问题展开研究。

4.1 UAV 集群自组织飞行控制基础模型

4.1.1 UAV 集群典型任务过程

从多无人机系统协同执行任务的过程来看,虽然面临的任务类型是复杂多样的,但执行各种复杂任务过程都会包含有一些共有的典型行为,UAV 集群各种面向复杂任务的协同行为是在这些共同集群行为基础上进行的。一般而言,UAV 集群执行任务时,首先需要从同一区域或不同区域升空,在一定空域聚集成相互协同的群体;然后以一定的编队形式(自由构型或者固定构型编队)飞往任务区域;到达后针对任务展开协同执行过程,如巡航、警戒、搜索、识别/定位、跟踪、探测、攻击、救援等;任务执行完毕后,再以一定的编队构型返回基地或者降落在指定区域/基地;协同执行任务的过程中集群可能需要进行拆分、合并等集群重构或集群队形变换行为;返航/飞往降落区域后集群解散降落,无人航空器集群执行任务一般过程如图 4.1 所示。

根据对无人航空器集群执行任务的基本过程的分解与提炼,下面拟锁定对无人航空器集群的基本自组织行为,包括集群构型的聚集构建、集群拆分与合并重构、集群自由/固定构型飞行、集群构型解散等共性典型行为展开研究。

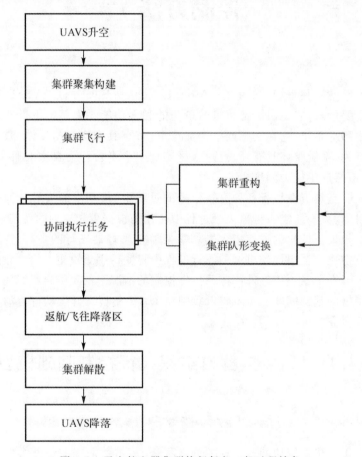

图 4.1　无人航空器集群执行任务一般过程抽象

4.1.2　UAV 集群基本模型

通常群中 UAV 数量较多(一般为几十架到数百架甚至更多),为每一个 UAV 个体逐一规划并设定航迹是困难的,本节将基于集群智能涌现理论研究 UAV 群自主飞行问题。

4.1.2.1　集群模型

UAV 集群个体的能力设定如下：

（1）个体具有有限范围内的环境感知能力，尤其具有感知周围其他个体位置和速度的能力；

（2）个体具有自定位能力，即在飞行过程中，个体能随时知道自身坐标位置；

（3）个体具有自主飞行姿态调控能力；

（4）个体间可进行一定范围内的直接通信能力，但受限于通信网络传输性能的制约，在集群飞行过程中需要尽量减少个体间的直接通信量。

将航空器抽象为具有有限智能的 agent，将航空器群抽象为集群 Swarm[6-8]。考虑 n 维空间中有 $N(N>1)$ 个 agent 组成的 Swarm 集合，用 $S = \{X,P,V,A\}$ 表示，其中，$X = (x_1,x_2,\cdots,x_i,\cdots,x_N)$，用以描述 Swarm 位置，$x_i \in R^n$ 为第 i 个 agent 的位置向量；$P = \{C,B,D,A_{max},V_{max}\}$ 为 Swarm 的控制参数集合；$V = (v_1,v_2,\cdots,v_i,\cdots,v_N)$，用以描述 Swarm 速度，$v_i \in R^n$ 为第 i 个 agent 的速度向量；$A = (a_1,a_2,\cdots,a_i,\cdots,a_N)$，用以描述 Swarm 加速度，$a_i \in R^n$ 为第 i 个 agent 的加速度向量。

在 Swarm 控制参数集合 P 中，$C = \{c_1,c_2,c_3,c_4\}$ 为集群运动基础参数集，用以控制"避免碰撞、保持一致、保持聚集和随机探索"的集群运动基础特征；$B = \{b_1,b_2,b_3,b_4\}$ 为集群运动意愿变化调节参数集，用以控制由于需要而改变的集群运动意愿；$D = \{d_r,d_m,d_a\}$ 为距离参数集，用于确定各种作用域的范围；A_{max}、V_{max} 为最大加速度和最大速度控制参数。

agent 的运动由以下方程控制：

$$\left.\begin{array}{l} \dot{x}_i = v_i \\ \dot{v}_i = a_i \end{array}\right\} \tag{4.1}$$

式中：$\dot{x}_i$ 为 x_i 的导数，$\dot{v}_i$ 为 v_i 的导数，a_i 为系统控制变量（控制律／一致性协议），各种情况下的 UAV 集群运动，可以从控制器 a_i 的设计入手。由于式（4.1）用到了加速度控制器，所以该模型属于二阶动力学模型。

每个 agent 的加速度值及速度值由以下条件约束：

$$a_i = \begin{cases} a_i, & \|a_i\| \leqslant A_{max} \\ A_{max}\dfrac{a_i}{\|a_i\|}, & \|a_i\| > A_{max} \end{cases}, v_i = \begin{cases} v_i, & \|v_i\| \leqslant V_{max} \\ V_{max}\dfrac{v_i}{\|v_i\|}, & \|v_i\| > V_{max} \end{cases}$$

$$\tag{4.2}$$

式中：A_{max} 和 V_{max} 分别是 agent 可达到的最大加速度值和最大速度值。

4.1.2.2 RMAD 模型

关于加速度控制器的设计,已有不少学者从不同的角度提出不同类型的模型[6,9-12],笔者在 R - A 模型[6] 的基础上,提出适用于集群自组织飞行问题的 RMAD 模型[13-14]。

一般地,集群中个体之间存在三种相互作用,即排斥作用(repulsion action)、一致作用(也称速度匹配作用,matching action)和吸引作用(attracting action)。当然,集群运动的过程中也存在个体出于自身意愿而产生的运动,称之为个体意愿作用(desire action)。在个体没有明确运动目标的情况下,个体意愿作用具有随机性,一旦个体有明确的运动目标了,个体意愿作用就是确定的运动作用。这样,有限智能的 UAV 集群运动可以在考虑以上 4 种作用因素的基础上展开,故而称为 RMAD 模型。模型建立过程如下。

设个体 i 的位置向量为 $x_i (x_i \in \mathbf{R}^n)$,$d_r$、$d_m$、$d_a$ 为正实数,它们表示如图 4.2 所示 3 个同心球形区域的半径,且满足 $d_r < d_m < d_a$,这里 d_a 是个体 i 的最大感知距离。

定义 4.1 $\mathbf{R}^n$ 空间中的点集 $\mathbf{R}_{r_i} = \{x \mid \|x - x_i\| < d_r, x \in \mathbf{R}^n\}$ 称为个体 i 的排斥域。落入该区域的个体 i 将受到个体 j 的排斥作用,因此个体 i 有远离个体 j 的运动趋势,以避免彼此碰撞冲突。

排斥域 $\mathbf{R}_{r_i}$ 的几何模型是以个体 i 的位置点为球心,以 d_r 为半径的球形区域。

定义 4.2 $\mathbf{R}^n$ 空间中的点集 $\mathbf{R}_{m_i} = \{x \mid d_r \leqslant \|x - x_i\| < d_m, x \in \mathbf{R}^n\}$ 称为个体 i 的一致域。个体 i 将和落入该区域的个体 j 进行速度匹配,以促使群体朝着共同的方向运动。

一致域 $\mathbf{R}_{m_i}$ 的几何模型是以个体 i 的位置点为球心,以 d_r 和 d_m 为半径的两个同心球面所夹的球壳形区域。

定义 4.3 $\mathbf{R}^n$ 空间中的点集 $\mathbf{R}_{a_i} = \{x \mid d_m \leqslant \|x - x_i\| < d_a, x \in \mathbf{R}^n\}$ 称为个体 i 的吸引域。个体 i 将受到落入该区域的个体 j 的吸引作用而向其靠近,这样可以促使各个成员保持聚集。

吸引域 $\mathbf{R}_{a_i}$ 的几何模型是以个体 i 的位置点为球心,以 d_m 和 d_a 为半径的两个同心球面所夹的球壳形区域。

个体 i 的排斥域、一致域及吸引域的几何模型如图 4.2 所示。

假定在可相互感知的范围内,个体 j 对个体 i 只产生"排斥作用、吸引作用、一致作用"中的一种,具体来说:若设个体 i 与个体 j 的欧氏距离为 ρ_{ij},当 $\rho_{ij} < d_r$

时,个体 j 落入个 i 的排斥域,它们之间表现为一种排斥作用从而相互远离,以避免发生碰撞冲突;当 $d_r \leqslant \rho_{ij} < d_m$ 时,个体 j 落入个体 i 的一致域,此时个体 i 与 j 的空间距离是合适的,它们之间将相互参照对方的速度来调整自身的运动速度,即进行速度匹配,以确保群体的运动的一致性;当 $d_m \leqslant \rho_{ij} < d_a$ 时,个体处 j 落入个体 i 的吸引域,它们彼此之间将产生吸引作用而彼此靠近,以保持群体的聚集性,避免脱离群体。

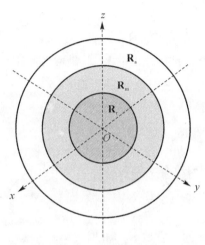

图 4.2　个体排斥域、一致域与吸引域关系示意图

在考虑排斥作用、一致作用、吸引作用及个体意愿作用的基础上,可将个体 i 的运动加速度控制器设计为

$$a_i = c_1 V_r^i + c_2 V_m^i + c_3 V_a^i + c_4 V_d^i \tag{4.3}$$

式中: V_r^i 为个体 i 受到排斥域内其他个体的排斥作用向量; V_m^i 为个体 i 与一致域中其他个体的速度匹配向量; V_a^i 为个体 i 受到吸引域中其他个体的吸引作用向量; V_d^i 为个体 i 的个体意愿作用向量; $c_i(c_i \in \mathbf{R}^+, i = 1, 2, 3, 4)$ 为各种作用的权重系数,是集群系统产生涌现的基础参数。

4.1.2.3　变系数 RMAD 模型

在集群运动过程中,不同条件下个体调节自身运动的考虑因素权重会发生变化,例如,个体有了明确的运动目标后,运动中一致性作用因素、吸引性作用因素权重降低,个体意愿作用因素权重增加。为了方便表述不同情况下个体运动因素权重变化,在此,引入权重调节系数 $b_i(b_i \in \mathbf{R}^+, i = 1, 2, 3, 4)$,通过在不同情境下为 b_i 取不同的值来调节权重系数(下文也称系数 b_i 为情境关联系数)。为此,将模型式(4.3)修改为

$$\boldsymbol{a}_i = b_1 c_1 \boldsymbol{V}_r^i + b_2 c_2 \boldsymbol{V}_m^i + b_3 c_3 \boldsymbol{V}_a^i + b_4 c_4 \boldsymbol{V}_d^i \tag{4.4}$$

由式(4.1)、式(4.2)及式(4.4)构成的模型称为变系数 RMAD 模型[13]。式(4.4)中的排斥作用向量 $\boldsymbol{V}_r^i$、速度匹配向量 $\boldsymbol{V}_m^i$ 和吸引作用向量 $\boldsymbol{V}_a^i$ 设计如下。

在下述讨论中,记 $\boldsymbol{u}_{ij} = \boldsymbol{x}_i - \boldsymbol{x}_j$,它表示个体 i 与个体 j 之间的位置差向量;$\rho_{ij} = \| \boldsymbol{u}_{ij} \|$ 为个体 i 与个体 j 之间的欧氏距离;$\boldsymbol{u}_{ij}^o = \dfrac{1}{\rho_{ij}} \boldsymbol{u}_{ij}$ 为向量 $\boldsymbol{u}_{ij}$ 对应的单位向量。

若个体 j 位于个体 i 的排斥域 $\mathbf{R}_{r_i}$ 中,此时 $0 < \rho_{ij} < d_r$,j 对 i 的排斥作用向量 $\boldsymbol{V}_r^{ij}$ 与向量 $\boldsymbol{u}_{ij}^o$ 同向,并且排斥强度 $\| \boldsymbol{V}_r^{ij} \|$ 是两者间距离 ρ_{ij} 的减函数,且应该满足当 $\rho_{ij} = d_r^-$ 时,$\| \boldsymbol{V}_r^{ij} \| \to 0$;当 $\rho_{ij} \to 0$ 时,$\| \boldsymbol{V}_r^{ij} \| \to \infty$。可将个体 j 对个体 i 的排斥作用表示为向量

$$\boldsymbol{V}_r^{ij} = \left(\frac{1}{\rho_{ij}} - \frac{1}{d_r} \right) \boldsymbol{u}_{ij}^o$$

于是,个体 i 受到排斥域内所有个体的总排斥作用可表示为

$$\boldsymbol{V}_r^i = \sum_{j \in \mathbf{R}_{r_i}} \left(\frac{1}{\rho_{ij}} - \frac{1}{d_r} \right) \boldsymbol{u}_{ij}^o \tag{4.5}$$

若个体 j 进入个体 i 的一致域 $\mathbf{R}_{m_i}$,此时 $d_r \leqslant \rho_{ij} < d_m$,则个体 i 有与这些个体的和速度 $\sum\limits_{j \in \mathbf{R}_{m_j}} \boldsymbol{v}_j$ 保持一致的运动趋势,记 $s = \| \sum\limits_{j \in \mathbf{R}_{m_j}} \boldsymbol{v}_j \|$,则可定义一致性作用向量为

$$\boldsymbol{V}_m^i = \begin{cases} \dfrac{1}{s} \sum\limits_{j \in \mathbf{R}_{m_i}} \boldsymbol{v}_j, & s \neq 0 \\ 0, & s = 0 \end{cases} \tag{4.6}$$

若个体 j 位于个体 i 的吸引域 $\mathbf{R}_{a_i}$,此时 $d_m \leqslant \rho_{ij} < d_a$,则 j 对 i 产生吸引作用 $\boldsymbol{V}_a^{ij}$ 的方向为 $\boldsymbol{u}_{ji}^o$,吸引强度 $\| \boldsymbol{V}_a^{ij} \|$ 应为双方距离 ρ_{ij} 的增函数,且满足当 $\rho_{ij} = d_m$ 时,$\| \boldsymbol{V}_a^{ij} \| = 0$;当 $\rho_{ij} \to d_a$ 时,$\| \boldsymbol{V}_a^{ij} \| \to \infty$,故而,可将个体 j 对个体 i 的吸引作用表示为向量

$$\boldsymbol{V}_a^{ij} = \left(\frac{1}{d_a - \rho_{ij}} - \frac{1}{d_a - d_m} \right) \boldsymbol{u}_{ji}^o$$

于是个体 i 受其吸引域中其他所有个体的吸引作用可表示为

$$\boldsymbol{V}_a^i = \sum_{j \in \mathbf{R}_{a_i}} \left(\frac{1}{d_a - \rho_{ij}} - \frac{1}{d_a - d_m} \right) \boldsymbol{u}_{ji}^o \tag{4.7}$$

在集群内部的排斥作用、一致作用、吸引作用和个体意愿作用下,集群能够涌现出规律性的运动行为,但这种涌现往往带有一定的随机性,这通常对实际应用是无意义的。人们希望,在航空器集群飞行中,既能应用集群智能原理实现自组织飞行,以解决大规模机群飞行中的指挥控制难题,又能做到控制集群智能的涌现方向,以达到完成指定任务的目的,也就是说,对于航空集群要实现可控制的自组织飞行。

4.2　航空集群构型生成与解散

4.2.1　聚集行为涌现与控制

航空器个体发射升空后开始感知并识别周围其他个体,并在自组织控制律式(4.4)的作用下与周围个体聚集成集群,这是航空飞行器集群自组织飞行的开始,为此,需要研究由众多个体聚集成集群的自组织控制律及其一致性、收敛性特征,给出航空集群聚集行为涌现的自组织/他组织控制策略。

为了使航空器能够很快聚集成群,这里提出发射要求是尽可能在同一个小时间段范围内将所有航空器发射升空,并且规定朝向一个共同的区域聚拢,为使所有航空器都顺利加入集群,这里设计一个集中控制机制——报到机制。每个航空器周围至少有两架别的航空器才算入群。

在 UAV 起飞至加入集群之前的飞行阶段,个体运动意愿向量 V_i^j 设定为指向指定聚集区域的向量。设计集群聚集过程如图 4.3 所示。

4.2.2　集群解散控制

航空器集群执行任务完毕后返回指定区域,需要解除集群的聚集特性后降落到适当指定区域中,这个过程需要有他组织机制参与,但仍然需要保持一定的自组织机制以保证安全降落。为此,需要研究航空集群解散及降落行为的他组织和自组织结合机制下的控制律,并研究集群解散及安全降落行为涌现的一致性特征,给出集群解散及降落的自组织、他组织控制策略。

在 UAV 集群到达降落空域之前的飞行阶段,个体运动意愿向量 V_i^j 设定为指向指定备降空域的向量;接收到解散降落指令后,设定为指向个体降落点的向量。设计集群解散过程如图 4.4 所示。

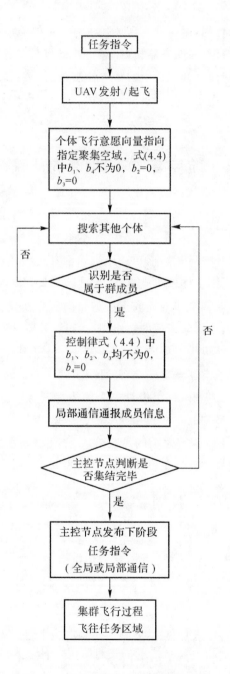

图 4.3　航空集群聚集构建控制流程

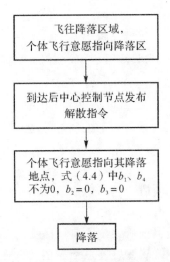

图 4.4　航空集群聚集构建控制流程

4.3　航空集群自由构型飞行控制

　　航空集群在执行任务过程中最普遍也是最重要的集群行为就是集群飞行。传统机群的飞行过程通常是在全局中心控制机制的基础上以固定编队飞行的方式进行的。然而,对于无法施加全局中心控制机制的大规模航空集群,集群飞行可以基于集群智能机制组织得像飞行的鸟群一样自由灵活。本节基于集群智能原理研究航空集群自组织自由编队飞行问题。

　　就 UAV 集群自组织飞行问题而言,主要就是要求集群沿着给定的航迹自组织飞行。以下分 3 种情况讨论 UAV 集群自组织飞行问题,这 3 种情况是所有个体均掌握航迹信息;部分个体掌握航迹信息;有中心领航者且存在局部直接通信情况。

4.3.1　所有个体均掌握航迹信息

　　考虑到将集群智能原理引入 UAV 群的飞行任务中,可以使群中的个体既能团结一致地飞行,又能有效避免碰撞冲突,因此,不必为每一架航空器规划具体的航迹,只需将集群作为整体考虑,规划出集群整体应该历经的航迹即可,这样可大大减少航迹规划的困难。在此,假定集群整体的航迹事先规划给出,所有个体均掌握集群航迹信息,个体间不进行直接导航通信。在这种情况下,集群飞行过程中,不能要求所有个体都严格地沿着集群航迹点精确飞行,但只要集群整体沿着既定航迹点飞行即可。

根据 RMAD 模型,UAV 集群飞行中避免碰撞冲突由式(4.4)中 $\boldsymbol{V}_r^i$ 项保证,飞行一致性由 $\boldsymbol{V}_m^i$ 项保证,集群聚集性由 $\boldsymbol{V}_a^i$ 项保证。每架飞机都拥有航迹信息,假定航迹由 $\mathbf{R}^n$ 中的一些确定点的序列 Track $= \{\boldsymbol{P}_1, \boldsymbol{P}_2, \cdots, \boldsymbol{P}_m\}$ 描述,为使 UAV 集群能够沿着给定航迹飞行,可将每架飞机的飞行意愿设定为沿着给定航迹飞行。为此,设航空器 i 在位置为 $\boldsymbol{x}_i$ 时的目标航迹点位置为 $\boldsymbol{P}_k$,则将式(4.4)中的 $\boldsymbol{V}_d^i$ 项取为

$$\boldsymbol{V}_d^i = \begin{cases} \dfrac{1}{\parallel \boldsymbol{P}_k - \boldsymbol{x}_i \parallel}(\boldsymbol{P}_k - \boldsymbol{x}_i), & \boldsymbol{P}_k \neq \boldsymbol{x}_i \\ \boldsymbol{0}, & \boldsymbol{P}_k = \boldsymbol{x}_i \end{cases} \tag{4.8}$$

式(4.8)刻画了航空器 i 由当前所处位置向目标航点飞行的愿望。

根据以上讨论,所有个体掌握航迹点信息的 UAV 集群沿着给定航迹自组织飞行中控制器的数学模型为式(4.4)~式(4.8)。

在据此进行的仿真实验中发现,UAV 集群在沿着一条给定的航线飞行的过程中,一般处于群中线位置附近的个体能够精确到达预定的各个航迹点,而位于集群左、右两翼靠外侧部分的 UAV 往往由于群内其他成员的排斥作用而不能精确到达航迹点。对于这部分 UAV 个体,如果不加干涉的话,会出现这样的现象:它们先是受到集群的"牵引"随着群体前进一段时间后,会脱离集群回过头飞向"错过"的航点(也就是未能精确到达的航点),这是我们不希望的。事实上这部分个体只要跟着群中其他成员一致飞行,即使没有能精确到达自身的目标航点,也能跟随集群一起沿着航路飞行。因此,对于这部分由于排斥作用而不能靠近自己航迹点的个体,只需要在跟随集群飞行过程中计算当前位置到当前目标航点和下个航点的两个距离值,若到下个航点的距离更近,则可以跳过将当前目标航点而将这个更近的下一航点设为新的目标航点即可。这样便解决了不应该出现的"回头"压航点问题。

上述方法在 UAV 集群沿航迹飞行问题中,只需为集群整体规划一条航迹路线,不需要为每架 UAV 分别规划航迹路线,大大减小了航迹规划的困难度,减小了工作量。另外,集群内部的固有自组织作用,使得 UAV 集群飞行过程无须依赖地面指控人员的具体指挥控制,极大地解决了大量 UAV 群体飞行的控制难题,而且能有效避免碰撞冲突。

需要说明的是,上述方法需要航空器具有自定位能力、对其他个体位置的估算能力及对其他个体的速度感知和估算能力,当然,其他个体的位置与速度参数可以通过直接通信获得,但这样会加大通信载荷。

4.3.2　部分个体掌握航迹信息

通常,UAV 集群可能由异构平台构成,在执行任务的过程中,集群中的一些 UAV 平台由于可以接收到体系外部的信息支持而且拥有航迹规划解算能力从而可以掌握航迹信息,另一些个体则不具备这方面的能力,在这种情况下,若任务环境又不允许进行集群全局范围的导航通信,这样就会造成集群中只有部分个体拥有航迹信息而另一部分不拥有航迹信息。

问题想定:集群中共有 N 个个体,其中有 M 个拥有航路点的信息,其余 $N-M$ 个不知道航路点信息,是普通个体。集群所处环境要求所有个体之间无直接通信。

在这种情况下,集群自组织飞行采用的基本原理是,根据集群内部的速度匹配作用和吸引作用,所有个体集结为集群进行飞行,掌握航迹信息的个体尽力沿着航迹飞行,吸引无航迹信息的个体跟随集群飞行,最终达到间接导航的目的。

考虑到集群内部所有个体都受排斥作用、速度匹配作用和吸引作用,已知航迹的个体还要兼顾个体沿航迹飞行的意愿,因此,在 RMAD 模型中,式(4.4)的系数需要适当调整。调整的原则是:知道航迹点的个体意愿作用项的情境关联系数 b_4 需要增大,为了使未知航迹点信息的其他个体能避让已知航迹点的个体并且能保持紧密跟随集群飞行,需要将排斥作用项的情境关联系数 b_1 和吸引作用项的情境关联系数 b_3 增大。

根据上述模型和控制策略,在仿真过程中发现,集群中掌握航迹信息的领导者个体的比例对集群沿航迹自组织飞行行为涌现有着明显影响。当领导者个体比例较小时,容易出现跟随者个体因跟不上领导者而脱离集群的现象。这里提出解决这个问题的两个策略:一是增加领导者的比例;二是令领导者开启导航局部导航通信功能,领导者向周围有限范围内的普通个体发布当前位置处的目标航迹点信息,接收到导航信息的普通个体则将自己的飞行意愿项调整为指向航迹点方向,同时将飞行意愿项的情境关联系数调大,其他未接收到导航信息的个体仍然保持原有的跟随集群飞行策略。

4.3.3　基于中心领航者的集群飞行

问题想定:假设集群由 N 个个体组成,集群中有一个已知航迹点信息的核心个体,其他 $N-1$ 个个体均不知道航迹点信息,集群中只有一部分个体处在可以与核心个体直接通信的位置,普通个体间不存在直接通信。

在这种情况下,集群自组织飞行采取如下策略:已知航迹信息的中心节点成为领导者,其自身在考虑自组织飞行的排斥作用、速度匹配作用和吸引作用的同时,将其飞行意愿项始终设为沿着航迹方向前进。为增强中心节点沿航迹飞行的能力,需要将其个体运动意愿项的情境关联系数 b_4 调大,同时调小速度匹配项及吸引作用项的情景关联系数 b_2 和 b_3。已知航迹信息的个体向周围有限范围内发布航迹信息。

能够从中心节点获取航迹信息的普通个体,在考虑自组织飞行相关作用的同时,将其飞行意愿项设为沿着航迹方向前进,同时调大这些个体的个体运动意愿项的情境关联系数 b_4。其他未知航迹点信息的个体按照正常的自组织飞行模型控制飞行即可。

4.4   航空集群固定构型飞行控制

一般在不加特殊控制的情况下,在执行任务的过程中,航空集群可以进行自由构型编队飞行(队形不固定)或是根据任务需要以各种特定的固定编队构型飞行(见图 4.5)。若在一次任务过程中需要两种以上的编队方式飞行,就需要进行编队构型变换。对于规模较大的航空集群而言,编队构型变换是一个具有重要实际意义的复杂过程,一般通过地面操控人员遥控指挥或者预编程控制难以满足复杂编队构型变换需求。

对于这个问题,仅依靠集群自组织机制是难以实现各种规则的编队构型变换控制的。因此,这个问题的解决要将自组织机制与他组织机制结合起来解决,其中,他组织机制用以控制编队构型变换与保持,自组织机制用以实施队形变换,特别是通过自组织机制来消解编队构型变换过程中的碰撞冲突。

编队构型变换实质上就是 UAV 集群中的所有个体从当前位置分别向构型中某个适当目标位置点运动的过程,构型变换过程应避免位置冲突和以最优效率来实现。在分布式 Agent 系统编队研究中,以提高系统效率为目标的编队最优 FEC (Formation Energy Consumption)效率模型[15]是常用的,该模型追求的目标是使队列中的所有 Agent 移动距离之和最小,以便最大限度节约编队整体的能量资源,这对于 UAV 集群是非常有意义的。借鉴最优 FEC 效率模型思想展开 UAV 集群编队构型变换位置指派研究是本节要解决的一个重要问题。另外,集群中 UAV 个体在从当前位置向其编队构型目标位置运动的过程中往往存在运动路径冲突,集群队形变换过程中的碰撞冲突消解问题是另一个需要解决的重要问题。

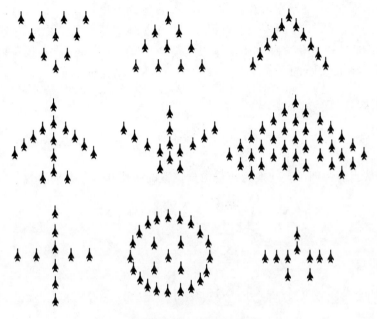

图 4.5　UAV 集群固定构型编队示意图

4.4.1　UAV 集群构型位置指派问题

为了达到控制编队构型变换的目的,需要在集群中设置至少一个中心指挥节点,这个节点 UAV 向外发布编队构型信息,构型信息主要是告诉每个个体应该机动到的目标位置点,接收到队形变换信息后,群中各 UAV 开始向自己选定的位置靠近。

关于 N 个个体如何从当前位置选择 N 个目标位置的问题,实际上可以抽象为图论中的指派问题。将 N 个个体映射为 N 个人,N 个目标位置映射为 N 项工作,每个个体必须且只能选定一个位置作为目标位置的问题映射为每个人必须完成一项工作且每项工作只能由一个人完成,将每个个体向构型目标点运动的距离映射为每个人完成自己的任务时需要花费的代价,要求寻求总代价最小的人员指派方案。为此,建立队形变换问题的指派问题模型。

定义 4.4　称矩阵

$$
\boldsymbol{C} = (c_{ij})_{N\times N} = \begin{bmatrix} c_{11} & c_{12} & \cdots & c_{1N} \\ c_{21} & c_{22} & \cdots & c_{2N} \\ \vdots & \vdots & & \vdots \\ c_{N1} & c_{N2} & \cdots & c_{NN} \end{bmatrix} \tag{4.9}
$$

为代价矩阵,其第 i 行各元素表示个体 i 被指派到各个位置点所需的机动距离,这里称之为代价,第 j 列各元素表示分配各个个体到第 j 个位置所需要的代价。

在编队构型变换之前群中个体的位置是 $x_i(i=1,2,\cdots,N)$,设目标编队构型中的 N 个位置点的坐标为 $P_j(j=1,2,\cdots,N)$。则代价矩阵的元素 c_{ij} 为

$$c_{ij} = \parallel x_i - P_j \parallel \quad (i,j=1,2,\cdots,N) \tag{4.10}$$

引入 n^2 个决策变量为 y_{ij},令

$$y_{ij} = \begin{cases} 1, & \text{指派 } i \text{ 到第 } j \text{ 位置} \\ 0, & \text{不指派 } i \text{ 到第 } j \text{ 位置} \end{cases}, i,j=1,2,\cdots,N \tag{4.11}$$

则集群从当前构型位置变换为指定构型位置的指派问题数学模型为

$$\min Z = \sum_{i=1}^{N} \sum_{j=1}^{N} c_{ij} y_{ij}$$

$$\text{受约束于} \begin{cases} \sum_{i=1}^{N} y_{ij} = 1, \ j=1,2,\cdots,N \\ \sum_{j=1}^{N} y_{ij} = 1, \ i=1,2,\cdots,N \\ y_{ij} \in \{0,1\}, \ i,j=1,2,\cdots,N \end{cases} \tag{4.12}$$

式中:目标函数 Z 表示指派方案的总代价;第一个约束条件表示每个位置有且只有一个 UAV 个体占用;第二个约束条件表示每个 UAV 个体能且只能被指派到一个位置上。

4.4.2 编队构型位置指派问题求解

指派问题是一种特殊的 0-1 整数规划问题,在组合优化中属于 NP-Complete 问题。规模不大的指派问题可根据匈牙利算法进行多步手工作业完成计算,但匈牙利算法对于大规模指派问题求解困难,在遇到某些特殊数据时该算法不收敛,无法得到最优解[16]。近年来出现的一些生物智能启发式算法为求解指派问题提供了新途径,其中蚁群算法(Ant Colony Optimization,ACO)因尤其适用于求解离散型组合优化问题的特点而在指派问题求解中得到较多研究[17-18]。对蚁群以信息素为媒介的短路径选择正反馈机制和长路径选择负反馈机制的模拟是蚁群算法的核心思想[19]。

4.4.2.1 编队位置指派算法思想

蚁群算法是基于蚂蚁觅食路径寻优机制而建立的一种仿生算法,蚁群算法在求解离散型的组合优化问题中有独特的优势[20-21],上述指派问题就属于典型的离散型组合优化问题,故而考虑通过蚁群算法求解。

在蚁群觅食过程中,蚂蚁会在所经过的路径上留下激素(信息素,pheromone),这种信息素会影响后来蚂蚁的路径选择[22]。每只蚂蚁在选择路径时会根据周围不同方向上信息素强度和自身随机意愿作用选择行进方向。信息素强度大的路径方向被选中的概率就大。如图 4.6 所示,假设有两条路径通向食物源,其中路径一比路径二短,假定开始时待选路径上没有信息素。蚂蚁行至这两条路径的分岔路口时,会以 50% 的概率选择其中任何一条道路行进。这样,开始时,蚁群中会各有一半蚂蚁选择这两条道路。由于路径一比路径二短,随着时间的推移,相同时间通过路径一往返的蚂蚁数量就多,所以该路径上留下的信息素多,这使得后来蚂蚁选择路径一的可能性变大。因此,后来的蚂蚁中经过路径一的越来越多,该路径的信息素强度越来越大,经过路径二的蚂蚁越来越少,路径二上的信息素越少。这样,信息素成为蚂蚁觅食路径寻优的正反馈机制,最终,在信息素的作用下,蚂蚁选择了短的路径一而淘汰了长的路径二。

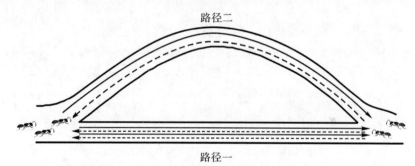

图 4.6　蚁群觅食路径寻优机理示意图

4.4.2.2　指派问题的蚁群算法求解方法

根据指派模型代价矩阵的含义,寻求指派模型的最优解,实质上就是要在代价矩阵 C 中找出位于不同行且不同列的 N 个元素使其和最小的组合优化问题。为此,将代价矩阵的每一个列子块视为一座待访问城市,代价矩阵的 N 个列子块就代表着 N 座城市一字排开,在这个城市序列的左端构造一个虚拟蚁巢,在最后一个(第 N 个)城市中设置一个虚拟食物源,设想蚂蚁从蚁巢出发需要依次经过前面的 $N-1$ 座城市到达食物源(第 N 个城市),如图 4.7 所示,图中实线表示蚂蚁选择的路线,虚线表示蚂蚁在当前出发点可能选择的其他路线。

在代价矩阵 C 中寻求下一步访问的元素(城市出入口)时,考虑到所选元素应该位于代价矩阵的不同行且不同列,若将代价矩阵每一列的可选元素视为该列所对应城市的可选道路节点,则从蚁巢出发至第一座城市共有 N 个可选道路节点(因为第一列有 N 个可选元素),从第一座城市出发到第二座城市有 $N-1$

个可选道路节点(剔除第二列中与第一列所选元素在同一行的那个元素),由第二座城市出发到第三座城市有 $N-2$ 个可选道路节点(剔除与前两列所选元素在同行的两个元素),其余依次类推,也就是说,从第 $k-1$ 号城市出发到第 k 号城市共有 $N-k+1$ 个可选道路节点(其中,$k=1,2,\cdots,N$)。再将到达节点元素的(代价)值视为从第 $k-1$ 号城市出发到第 k 号城市所经过道路的距离代价,则寻求指派问题的最优解就是寻求从蚁巢出发经由不同道路至食物源的最短路问题了。为表述方便,后面的讨论中将蚂蚁从某个道路节点出发到下一城市某道路节点的路程上留下的信息素集中放置于所到达的道路的节点处。

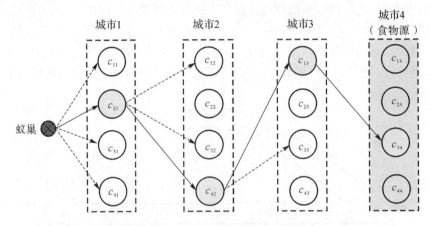

图 4.7　指派问题转化为蚁群算法最短路问题示意图($N=4$)

根据蚁群算法原理,构建虚拟蚂蚁,令其遍历所有城市在蚁巢和食物源之间往返,在这个过程中令蚂蚁根据节点上的信息素强度和代价值信息选择行进方向,并不断更新所经过路径上的信息素含量,在此过程中记录蚂蚁选择得到的最优路径。算法不断迭代直至达到终止条件,搜索到最优解。为此,需要从新行进方向的选择概率计算以及信息素的更新策略两方面来模拟蚁群群觅食路径的寻优过程。

(1)蚂蚁的路径选择策略。假定蚁群中共有 m 只蚂蚁(下述讨论以 k 表示蚂蚁的序号)。针对上述指派问题抽象而来的最短路问题而言,为使蚂蚁能够沿着满足要求的行进路线搜索最优路径,需要对蚂蚁的行进方向做一定的限制,做法是为每只蚂蚁构建一个禁忌表,则第 k 只蚂蚁的禁忌表定义为一个 $N\times N$ 矩阵:

$$\text{tabu}_k = (t_{ij})_{N\times N}, \quad k=1,2,\cdots,m \tag{4.13}$$

$$t_{ij} = \begin{cases} 1, & \text{允许蚂蚁访问节点 } c_{ij} \\ 0, & \text{不允许蚂蚁访问节点 } c_{ij} \end{cases}$$

tabu_k 表是一个 $N\times N$ 的 0-1 矩阵,它随着蚂蚁的每一步访问进程的完成而不断更新，用以记录蚂蚁在当前位置允许 / 不允许访问的道路节点，其中，允许访问的道路节点用 1 表示，这些节点位于下一个目标城市的道路节点中；已经走过的节点以及与这些节点在同一行或列的节点、下一步不可达其他城市的所有节点均为不允许访问的节点，用 0 表示。

第 k 只蚂蚁在向下一城市行进时，首先由其对应的禁忌表找到允许访问的道路节点，再根据这些允许访问节点的信息素值计算各节点被选中的概率 P_{ij}，然后按照概率值随机地选择其中一个节点行进到下一城市，然后及时更新禁忌表内容。传统蚁群算法给出的路径选择概率模型[23-24] 为

$$P_{ij} = \begin{cases} \dfrac{\tau_{ij}^{\alpha} \eta_{ij}^{\beta}}{\sum\limits_{s \in \text{allowed}_k} \tau_{is}^{\alpha} \eta_{is}^{\beta}}, & \text{如果 } j \in \text{allowed}_k \\ 0, & \text{否则} \end{cases} \tag{4.14}$$

式中：allowed_k 表示蚂蚁 k 下一步允许访问的路径节点集；α 为协作信息启发式因子，描述信息素在蚂蚁选择道路决策中的作用，反映了蚂蚁群体的自组织协作性，其值越大，蚂蚁的协作性就越强；β 为期望启发式因子，表示能见度的相对重要性，反映了蚂蚁行进中启发式信息对道路选择的作用，其值越大，蚂蚁的状态转移就越接近贪婪规则；τ_{ij} 表示节点 c_{ij} 上的信息素值；η_{ij} 为路径信息启发参数，其表达式为

$$\eta_{ij} = \frac{1}{c_{ij}} \tag{4.15}$$

式中：c_{ij} 为下一个待选节点的代价值。显然，c_{ij} 越小，η_{ij} 越大，蚂蚁选择节点 c_{ij} 受到的启发信息越强。

（2）信息素的更新策略。为方便讨论，将蚂蚁在路径上留下的信息素集中在当前所选路段的终点处，设 $\tau_{ij}(t)$ 表示 t 时刻节点 c_{ij} 上的信息素值。节点上信息素一方面会随着时间的推移而挥发，另一方面又会因为蚂蚁通过而增加，因此，$t + \Delta t$ 时刻的信息素值可由下式更新：

$$\tau_{ij}(t + \Delta t) = (1 - \rho)\tau_{ij}(t) + \Delta\tau_{ij}(t) \tag{4.16}$$

$$\Delta\tau_{ij}(t) = \sum_{k=1}^{m} \Delta\tau_{ij}^{(k)}(t) \tag{4.17}$$

式中：ρ 表示信息素挥发系数，$1 - \rho$ 为信息素残留因子，这里限定 $\rho \in [0,1]$。式（4.16）等号右端第一项表示信息素残留量，第二项表示信息素的新增量，由式（4.17）计算。$\Delta\tau_{ij}^{(k)}(t)$ 表示第 k 只蚂蚁经过节点 c_{ij} 后留下的信息素量。文献[24]中，Dorigo M. 提出了以下 3 种不同的信息素更新模型：

Ant – Cycle 模型：

$$\Delta\tau_{ij}^{(k)} = \begin{cases} \dfrac{Q}{L_k}, & \text{若蚂蚁 } k \text{ 经过节点 } c_{ij} \\ 0, & \text{否则} \end{cases} \tag{4.18}$$

Ant – Quantity 模型：

$$\Delta\tau_{ij}^{(k)} = \begin{cases} \dfrac{Q}{c_{ij}}, & \text{若蚂蚁 } k \text{ 经过节点 } c_{ij} \\ 0, & \text{否则} \end{cases} \tag{4.19}$$

Ant – Density 模型：

$$\Delta\tau_{ij}^{(k)} = \begin{cases} Q, & \text{若蚂蚁 } k \text{ 经过节点 } c_{ij} \\ 0, & \text{否则} \end{cases} \tag{4.20}$$

上述模型中，Q 表示信息素强度，它对算法的收敛性有一定的影响，通常，在反复进行仿真实验的过程中信息素强度被给为一个确定的数值。L_k 为第 k 只蚂蚁遍历所有城市一遍所经过路径的长度。式(4.18)中信息素的更新和选择的路径总长度有关，路径越短，新增加的信息素越强，反之新增信息素就变少，正好刻画了蚂蚁觅食路径寻优的正反馈机制。式(4.19)利用了路径的局部信息 c_{ij} 更新信息素。式(4.20)则采用了和路径长度无关的固定更新策略。实践表明，采用式(4.18)的信息素更新策略性能更好。

（3）存在的问题与改进。经过仿真计算发现，传统蚁群算法存在以下不足：

1）对于参数选取过于敏感，导致同一组参数对于不同代价矩阵的寻优效果差异极大。

2）容易陷入局部最优解。

3）有时收敛性较差。经过分析发现，传统蚁群算法中，在计算概率时采用的式(4.14)是含有幂函数形式的因子，在计算中往往导致高度非线性特征出现，容易出现"大数吃小数"的现象，导致应有的蚁群协作性启发作用、预见性启发作用得不到正常发挥。

4）式(4.18)更新信息素时考虑了所选道路长度信息，但属于平均分配给该条道路上的各个节点，这还不足以反映各节点代价值的差异性。

针对上述问题，结合仿真实验效果，在此提出以下改进措施。

1）修改蚂蚁路径选择模型，将含有幂函数的路径选择概率公式(4.14)修改为关于信息素、节点代价值的线性函数形式，使得概率变化平稳，避免数据突变造成的不稳定。

$$P_{ij} = \begin{cases} \dfrac{\alpha\tau_{ij} + \beta\eta_{ij}}{\displaystyle\sum_{s \in \text{allowed}_k}(\alpha\tau_{is} + \beta\eta_{is})}, & \text{如果 } j \in \text{allowed}_k \\[2ex] 0, & \text{否则} \end{cases} \tag{4.21}$$

式中参数的含义同式(4.14)。

2) 修改信息素更新策略模型,摒弃将式(4.18)中信息素平均分配给所经过路径的每个节点的做法,而是先计算路径中各节点代价值占路径长度值的比例,比例越大的分配给的信息素越小,比例越小的分配给的信息素越大,这样更符合蚂蚁散布信息素的实际状况,更能启发蚂蚁对代价小的节点的选择偏好。具体修改如下:

$$\Delta\tau_{ij}^{(k)} = \begin{cases} \dfrac{Q}{L_k}\left(1 - \dfrac{c_{ij}}{L_k}\right), & \text{若蚂蚁 } k \text{ 经过节点 } c_{ij} \\[2ex] 0, & \text{否则} \end{cases} \tag{4.22}$$

3) 信息素的初始值选取和信息素的强度值选取和数据挂钩匹配,缩小路径数据和信息素数据数量级上的差异,避免"大数吃小数"现象的发生。根据仿真实验观察,各个节点信息素初始强度用下式给定:

$$\tau_{ij}(t_0) = \frac{N^2}{\displaystyle\sum_{i=1}^{N}\sum_{j=1}^{N}c_{ij}} \tag{4.23}$$

信息素更新强度 Q 用下式给定:

$$Q = \frac{N^2}{\min\limits_{i,j}\{c_{ij}\}} \tag{4.24}$$

4) 更改单向搜索为双向搜索以及代价矩阵排序处理再求解的方法。有时,对于给定的代价矩阵,蚁群算法搜索指派问题最优解的过程中会出现停滞在局部最优解的情况。这种情况通常是由于某几个较小代价值所处的位置引起的,仿真实验发现,如果将代价矩阵按列最小元、次小元、第三次小元等进行升序或者降序排列后,采取从两端同时遍历城市的办法,可大大减少蚁群算法陷入局部最优解的情况,这也是本节提出的蚁群算法改进措施之一。

(4) 算法对比验证。为验证改进蚁群算法的效果,随机取不同阶数的代价矩阵,每次取 100 个,分别应用传统蚁群算法及本节提出的改进算法进行编队构型位置指派计算。计算中传统蚁群算法参数取值为: $\alpha = 1,\beta = 1.2,\rho = 0.9,Q = 10$;改进蚁群算法参数取值为: $\alpha = 1,\beta = 1,\rho = 0.8,Q$ 按式(4.24)取值。表 4.1 统计了针对不同阶数代价矩阵时,改进前后两种蚁群算法所得最优指派方案代价占优情况。

表 4.1　蚁群算法编队构型位置指派方案优劣占比对比统计

代价矩阵规模	传统算法占优比/(%)	结果持平比/(%)	改进算法占优比/(%)
8 阶	0	61	39
10 阶	1	48	51
12 阶	2	51	47
16 阶	4	43	53
24 阶	6	58	36
32 阶	8	47	45
60 阶	11	61	28

表 4.1 的仿真计算统计结果表明,改进蚁群算法计算编队构型位置指派结果明显占优;但随着代价矩阵阶数增加,改进蚁群算法的占优性有所下降。

(5)算例。以 9 个 UAV 组成的集群由"自由编队"向"人字形编队"构型变换问题为例。以自由飞行中 t 时刻位置为集群初始位置,在集群飞行方向前方设置固定编队构型的 9 个初始目标位置,数据见表 4.2。由改进蚁群算法计算得队形指派方案见表 4.3。

表 4.2　集群位置及编队构型位置坐标

序　号	编队前集群坐标		编队构型位置坐标	
1	−0.673 7	−0.077 0	0.5	2.5
2	−0.404 3	−0.938 8	1	2.5
3	−0.986 4	−0.364 8	1.5	2.5
4	−0.396 0	−0.198 3	2	2.5
5	−0.680 5	−0.610 9	2.5	2.5
6	−1.046 6	−0.659 7	2.5	2
7	−1.035 5	−0.959 3	2.5	1.5
8	−0.703 5	−0.911 0	2.5	1
9	−0.319 5	−0.484 4	2.5	0.5

表 4.3　编队构型位置指派方案解算结果

UAV	1	2	3	4	5	6	7	8	9
编队位置	2	9	1	4	5	3	6	8	7

4.4.3　UAV 集群构型变换冲突消解与构型保持策略

集群自组织集群运动的运动形状往往具有一定的随机性,因此,UAV 集群的固定构型编队飞行必须经过一定的他组织机制来实现。本节提出将复杂系统他组织机制与集群系统自组织机制结合的方法,构建集群编队构型变换与保持控制机制。

4.4.3.1　构型位置解算策略

为达到编队构型变换需要,在集群中设置一个担任领导者(leader)角色的个体,通过集群通信机制,该领导者能够获得集群全局的位置信息。需要编队时,首先由领导者计算队形节点位置,并完成编队位置指派解算,然后向集群中所有个体发布编队指令,指明每个个体在编队中的位置点。

4.4.3.2　构型变换中冲突消解策略

集群中领导者向外发布编队指令后,集群就进入编队构型变换过程。集群中非领导者个体接到构型变换指令后开始向自己的目标位置运动,在这个过程中很可能出现运动轨迹交叉冲突。传统的编队控制技术很难解决有较多个体的集群编队构型变换中的运动轨迹冲突问题。受到鸟群飞行队形变换过程中自组织机制的启发,这里提出在构型变换控制过程中引入自组织机制实现集群的自组织编队构型变换。

根据集群自组织飞行的变系数 RMAD 模型式(4.4),一般集群自组织自由构型飞行中需要考虑排斥作用、速度匹配作用、吸引作用及个体飞行意愿作用。为了达到编队构型变换目的,可取速度匹配作用项的情境系数 $b_2 = 0$ 及吸引作用项的情境系数 $b_3 = 0$,以表示该过程中不考虑速度匹配作用及相互吸引作用,而保留排斥作用项以自组织地实现队形变换过程中的碰撞冲突消解,将个体飞行意愿作用项取为指向其编队位置以实现编队构型变换。这样,自组织自由构型变换的控制模型为

$$\boldsymbol{a}_i = b_1 c_1 \boldsymbol{V}_r^i + b_4 c_4 \boldsymbol{V}_d^i \tag{4.25}$$

式中:$\boldsymbol{V}_r^i$ 为排斥作用向量;$\boldsymbol{V}_d^i$ 为个体意愿作用向量,它是由个体当前位置指向其目标构型位置的向量。

4.4.3.3 构型保持策略

在集群中所有个体都到达指定构型位置以后，集群编队就进入编队构型保持期。为了保持集群的编队构型，本节提出如下构型保持策略：由领导者定期计算并发布构型位置信息，群中其他个体只需要根据新的构型位置信息不断修正自身飞行位置。为提高队形保持的稳定性和一致性，可以在集群自组织飞行的变系数 RMAD 模型式(4.4)中，将个体吸引项情境系数取为 $b_3 = 0$，仍然将个体飞行意愿作用向量取为由当前位置指向编队构型位置的向量以保持编队构型，同时保留排斥作用项以避免碰撞冲突，保持速度匹配作用项以提高队形的稳定性和一致性。这样，编队构型保持模型为

$$\boldsymbol{a}_i = b_1 c_1 \boldsymbol{V}_r^i + b_2 c_2 \boldsymbol{V}_m^i + b_4 c_4 \boldsymbol{V}_d^i \tag{4.26}$$

4.5 航空集群编队构型变换控制

通常，UAV 集群在执行任务的过程中，有时需要将大规模的集群拆分为小规模的集群分别完成不同的任务，有时需要将多个小规模的集群合并为一个大规模的集群后再行动。这个问题就是 UAV 集群的构型拆分与合并问题。

虽然，自然界中的动物集群在运动过程中也有群体的分离和合并现象涌现，但一般而言，动物集群的自然分裂或者合并行为涌现具有随机性和不可控制性，这对于实际应用而言没有太大的价值。显然，UAV 集群执行任务的过程中集群构型的拆分与合并必须是可以控制的精确集群行为，这就要求将复杂系统他组织机制与生物集群自组织机制结合起来实现集群构型拆分与合并的可控性和精确性。

4.5.1 同构 UAV 集群拆分问题

将一个集群拆分为多个子群需要解决两个基本问题：一是怎样合理地将群内个体划分为多个满足数量约束的子集？二是怎样使群体实现避免碰撞冲突的分离运动？本节提出如下集群拆分策略。

4.5.1.1 集群拆分控制策略

这里以将一个大的集群拆分为两个子群为例进行讨论。设群由 N 个个体组成，设拆分得到的两个子群中个体的数量分别为 N_1 和 N_2。

在群中设置一个具有全局控制作用的中心个体，需要进行拆分时，由该个体根据集群当前状态在适当位置设置 P_1、P_2 两个分群目标点（见图 4.8），然后确定群中每一架飞机应当去往的目标点后，这样整个集群就自然地被剖分为两个

子集。然而,在确定每架飞机的目标点时,需要考虑的是尽量使飞机之间去往目标点的飞行轨迹不相互交叉,为此,考虑就近原则,飞机离哪个目标点近,就往哪边飞,考虑到集群拆分问题还有子群数量约束,因此,就近原则不足以解决问题。这里提出,在 P_1 点处设置 N_1 个相互重叠的虚拟任务点,在 P_2 处设置 N_2 个相互重叠的虚拟任务点,以飞机到各个虚拟任务点的距离为代价,建立指派模型,求得每个飞机应飞往的虚拟任务点,这样就可以很好地解决集群拆分问题。这样做的好处是,既满足子群拆分的数量约束,又能使集群以最小的距离代价实现拆分,而且还最大限度地减少了集群构型拆分过程中飞机飞行路线的交叉冲突。

集群拆分为多个子群后,个体间的信息交换就仅限于子群内部进行。

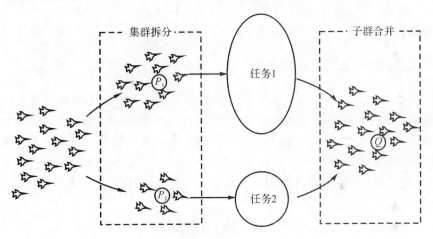

图 4.8　集群拆分与合并示意图

4.5.1.2　集群拆分过程中的碰撞冲突消解策略

通过基于虚拟任务点的指派模型实现了集群拆分之后,中心控制节点通过拆分指令将指派信息发送给每架飞机,各个飞机将按照被指定的目标点开始飞行。在这个过程中,很可能存在飞行路径的冲突问题。这里提出,按照前述中集群构型变换冲突消解策略(见 4.4.3 节)可以实现子群分离过程中的路径冲突问题,其原因是,集群拆分过程实质上就是一种构型变换过程。在所有飞机飞到指定的分群目标点后,集群构型拆分就成功实现了。

4.5.2　异构 UAV 集群的拆分问题

根据任务需要,UAV 集群执行任务时,集群可能是由两种型号以上的 UAV 组成的,在拆分集群时,有时会对子群中不同型号的 UAV 配比也有一定的要求。这时,可以按照分类指派的策略实现满足型号配比要求的集群拆分。

以两种型号组成的 UAV 集群拆分为例说明。设集群由 N 个 A 型 UAV 和 M 个 B 型 UAV 组成,根据任务需要将集群拆分为两个子群,要求子群 1 由 N_1 个 A 型 UAV 和 M_1 个 B 型 UAV 组成,子群 2 由 N_2 个 A 型 UAV 和 M_2 个 B 型 UAV 组成。

这里提出集群分类拆分策略如下:在集群中设定一个集群拆分控制节点,该节点掌握集群全局位置信息,该节点首先根据集群当前状态,在集群两侧适当位置设置两个集群拆分控制目标点,记为 P_1、P_2,分别在这两点处设置 N_1+M_1 个和 N_2+M_2 个虚拟任务点,按照 4.4.1 节所述方法,分类指派建模并计算 A 型 UAV 的拆分指派方案和 B 型 UAV 的拆分指派方案。然后通知群中所有个体按照指派方案进行队形变换即可。

4.5.3　子群合并策略

像集群拆分一样,UAV 集群有时也需要由两个以上的小集群合并为一个大集群。对于集群飞行运动控制而言,集群合并并不需要特殊的额外控制,只需在满足合并条件的情况下,由群指控节点发布集群合并指令,然后,所有个体在自组织飞行过程中将不加区分地参照周围所有个体(无论是来自哪个群里的个体)的集群作用控制自身飞行即可。

本 章 小 结

本章以第 2、3 章集群智能涌现机制及控制机制理论为基础,建立了 UAV 集群自组织飞行基础模型(RMAD 模型),在此基础上,设计了航空集群构型生成与解散、自由构型飞行、固定构型飞行、构型变换等基本集群行为涌现建模,并设计了相应的一致性控制协议。本章的工作是航空集群建模的重要基础。

参 考 文 献

[1]　樊琼剑,杨忠,方挺,等. 多无人机协同编队飞行控制的研究现状[J]. 航空学报,2009,30(4):683 - 691.

[2]　张国忠,沈林成,朱华勇. 多无人机监督控制技术的发展现状及启示[J]. 国防科技,2009,30(4):5 - 9.

[3]　张安,刘跃峰,汤志荔,等.编队协同对地攻击指挥决策系统体系结构研究[J].计算机工程与应用,2010,46(29):232 - 235.

[4]　李瑜,张文玉.无人作战平台指挥控制技术[J].指挥信息系统与技术,
　　　2011,2(6):6-9.

[5]　王晋云,魏瑞轩,董志兴,等.无人机编队飞行控制仿真研究[J].火力与指
　　　挥控制,2010,35(3):34-38.

[6]　IAIN D C, JENS K, RICHARD J, et al. Collective memory and spatial
　　　sorting in animal groups [J]. Journal of Theory Biology, 2002, 218(1):
　　　1-11.

[7]　COUZIN I D, KRAUSE J, NIGEL R, et al. Effective leadership and
　　　decision-making in animal groups on the move[J]. Nature, 2005, 433
　　　(3):513-516.

[8]　刘明雍,雷小康,杨盼盼,等.集群运动的理论建模与实证分析[J].科学通
　　　报,2014,59(25):2464-2483.

[9]　TANNER H G, JADBABAIE A, PAPPAS G J. Stable flocking of
　　　mobile agents, part Ⅰ: fixed topology [C]. Hawaii: 42nd IEEE
　　　Conference on Decision and Control, 2003(2): 2010-2015.

[10]　TANNER H G, JADBABAIE A, PAPPAS G J. Stable flocking of
　　　mobile agents, part Ⅱ: dynamic topology[C]. Hawaii: 42nd IEEE
　　　Conference o n Decision and Control, 2003(3): 2016-2021.

[11]　GAO Y P, WANG L, JIA Y M. Consensus of multiple second-order
　　　without velocity measurements[C]. ST. Louis: in Proceedings of the
　　　2009 American Control Conference: 2009:4464-4469.

[12]　WEN G H, DUAN Z S, YU W W, et al. Consensus in mufti-agent
　　　systems with communication constraints[J]. International Journal of
　　　Robust and Nonlinear Control, 2012, 22(2):170-182.

[13]　孙强,梁晓龙,尹忠海,等.UAV集群自组织飞行建模与控制策略研究
　　　[J].系统工程与电子技术,2016,38(7):1649-1653.

[14]　梁晓龙,孙强,尹忠海,等.大规模无人系统控制方法研究综述[J].计算机
　　　应用研究,2015,32(1):11-16.

[15]　蒋荣欣,张亮,田翔,等.多机器人队形变换最优效率求解[J].浙江大学学
　　　报(工学版),2010,44(4):722-727.

[16]　孙晓雅,林焰.一种新的粒子群算法在指派问题中的应用[J].计算机应用
　　　研究,2009,26(11):4091-4093,4097.

[17]　王书勤,黄茜.一种求解军事指派问题的改进蚁群算法[J].兵工自动化,
　　　2013,32(6):27-30.

[18] 孟光磊,郭金龙,刘建波,等.智能化战机编队指派的战术匹配寻优算法[J].火力与智慧控制,2014,39(2):21－24.

[19] 柴毅哲,杨任农,马明杰,等.利用改进蚁群算法的可规避威胁源最优航线规划[J].空军工程大学学报(自然科学版),2015,16(4):9－12.

[20] 黄茹.一种解决指派问题的蚁群算法[J].西安邮电学院学报,2006,11(3):106－109.

[21] 殷人昆,吴阳,张晶炜.蚁群算法解决指派问题的研究和应用[J].计算机工程与科学,2008,30(4):43－45,112.

[22] DORIGO M，THOMAS S. Ant colony optimization[M]. Cambridge：Massachusetts Institute of Technology Press，2004.

[23] COLORNI A，DORIGO M，MANIEZZO V，et al. Distributed optimization by ant colonies[A]. Paris：Proceedings of European Conference on Artificial Life，1991:134－142.

[24] DORIGO M，MANIEZZO V，COLORNI A. Ant system：optimization by a colony of cooperating agents[J]. IEEE Trans on SMC，1996，26(1)：29－41.

第5章 航空集群典型能力-构型映射

　　航空集群的能力涌现与控制是针对具体的任务而言的,从航空集群完成任务过程中的基本飞行行为来看,集群能力涌现和集群构型有密切关系。本章将围绕航空集群"协同反隐身、协同无源定位、协同空战攻击"三个典型任务的能力涌现与构型关系问题展开研究,这是实现航空集群能力涌现的重要技术基础。

5.1 航空集群协同反隐身构型

　　隐身飞机具有雷达反射截面积小的特性,在其来袭方向上难以被探测发现,是未来集群作战的主要威胁之一[1-2]。由于单机雷达天线尺寸的限制,其对敌隐身目标的有效发现距离远小于中、远距空空导弹武器的射程,失去了战术意义。而研究表明,利用双基雷达进行协同探测可以极大地延伸探测空间,例如美军"圣堂"利用两套双基地雷达形成正方形双基地防御系统,可以监视 10 000 km² 的区域[3-4]。因此,在现有机载雷达性能的基础上,探究集群协同反隐身空间构型的设计与优化方法,是实现对敌隐身目标有效探测的一种重要技术途径和战术应用方法。

　　反隐身探测一般包括技术和战术两种途径[5]。技术层面主要是通过采用一些新技术以提升机载雷达探测性能,如增大天线增益、发射功率、改进算法等[6]。文献[7]针对多雷达组网探测隐身目标的部署优化问题,提出了一种分层搜索算法,该算法融合了粒子群(Particle Swarm Optimization,PSO)和鲍威尔(Powell)搜索法,有效地提高了雷达网对隐身目标的探测概率并增加了对隐身目标的预警距离。而在战术层面主要通过一些非常规传感器的战术运用来进行反隐身探测,如雷达组网、雷达收发分置等[7-8]。研究对象多集中在地基和海基等雷达平台上,机载雷达涉及较少。

　　因此,本节以航空集群协同反隐身空间构型为研究对象,从隐身飞机雷达散射截面积(Radar Cross Section,RCS)在空间不同方向分布差异大的缺陷入手,在战术运用层面上,探究航空集群利用自身机载雷达构成收、发分置工作模式来进行反隐探测的空间构型设计,建立航空集群反隐身探测空间构型与反隐身探测能力的映射逻辑,以实现对敌隐身目标的有效探测。

5.1.1 基本原理分析

航空集群协同反隐身技术是将航空集群中任一成员作为发射机,群内其他成员作为接收机,构建多部双基雷达,利用机载雷达收发分置带来的空间分集优势,通过收、发机的空间优化布局,形成对敌隐身目标的有效探测。其中双基雷达方程[9]为

$$(R_t R_r)_{max} = \left[\frac{P_t G_t G_r \lambda^2 \sigma_b(\beta)}{(4\pi)^3 P_{rmin} L_t L_r} \right]^{1/2} \tag{5.1}$$

记 $B_{bistatic} = \dfrac{P_t \tau G_t G_r \lambda^2}{(4\pi)^3 P_{rmin}}$,则

$$(R_t R_r)_{max} = B_{bistatic}^{1/2} \sigma_b(\beta)^{1/2} [1/(L_t L_r)]^{1/2} \tag{5.2}$$

式中:$P_{rmin} = kTB_n (S/N)_{min}$,表示接收机的最小可检测信号功率,其中,$k$ 为波尔兹曼常数,T 为接收机的等效噪声温度,B_n 为接收机检波器前的噪声带宽,$(S/N)_{min}$ 为正常检测时接收机输入端所需的最小信噪比;P_t 为发射机输出功率;G_t、G_r 分别为发射天线和接收天线对目标的增益,通常情况下 $G_t \neq G_r$;L_t、L_r分别为发射机和接收机的综合损耗;R_t、R_r 分别为发射机和接收机至目标的距离;$B_{bistatic}$ 为双基雷达性能参数;$\sigma_b(\beta)$ 为目标的双基雷达截面积。

在雷达系统性能确定的条件下,航空集群雷达收发分置反隐探测能力不仅与目标飞机的姿态有关,还与收、发雷达以及隐身飞机三者之间的几何位置有关[10]。当航空集群发射机开机时,可以认为敌方隐身飞机能够通过无源探测系统发现航空集群发射机,且发现距离远大于我方单机对隐身目标的探测距离。敌方隐身飞机作为智能对象,采取的飞行策略是尽可能指向我方航空集群发射机飞行,将我方雷达发射机置于其机头最佳隐身区,以最大限度地发挥其隐身性能。同时,我方为了保持航空集群自身的隐身性能,航空集群中担任雷达发射机的成员数量要求越少越好,通常取为 1~2 部,且从安全性角度考虑,发射机应部署于航空集群后方,前置的接收机应处于静默监听状态。

基于以上假设,以"1 发 J 收"空间构型为研究对象,建立以雷达发射机为中心,在其前方区域配置接收机的空间探测构型。其构型示意图如图 5.1 所示。

在图 5.1 中,深色节点代表发射机,浅色节点代表接收机,任意一部接收机与任意一部发射机均构成一部独立的机载双基雷达,且收、发机功能可以根据作战态势动态切换,因此航空集群雷达系统具有良好的冗余度和可靠性。前置的

雷达接收机处于静默接收状态,既能极大拓展对隐身飞机的探测区域,也能满足自身的射频控制要求,还能够对航空集群内的发射机构成保护。图中发射机前方阴影区域为该雷达"自发自收"对隐身目标的有效探测区;接收机前方阴影区域代表其作为双基地雷达接收机所具有的对隐身飞机的探测区域,该区域内部的小扇形空域为接收机平台携载武器对隐身目标的火力攻击区。航空集群内的雷达接收机平台可以部署在以雷达发射机平台为基准的近界到远界的任意空域位置。近界定义为以雷达发射机平台"自发自收"对隐身飞机的探测边界,可以保证探测距离的扩大和探测域的连续;远界定义为收-发机构成的双基地雷达能够有效工作的最远基线距离。

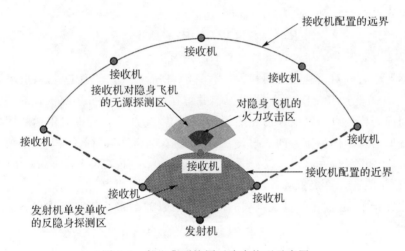

图 5.1　航空集群协同反隐身构型示意图

5.1.2　空域覆盖模型及求解

基于以上原理分析可知,要确定接收机的具体位置,首先需要确定协同探测的空域覆盖范围,为此,在双基雷达方程的基础上建立探测空域覆盖模型。

5.1.2.1　协同反隐身探测空域覆盖模型

研究表明,$\sigma_b(\beta)$ 是收、发两地姿态角的函数[11]:

$$\sigma_b(\beta) = \sigma(\alpha_t, \varphi_t, \alpha_r, \varphi_r)$$

式中:α_t、φ_t 分别为发射机方位角和仰角;α_r、φ_r 为接收机方位角和仰角。发射机、接收机以及敌机之间的三维平面坐标关系如图 5.2 所示。

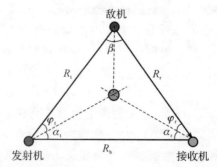

图 5.2　发射机、接收机以及敌机之间几何位置关系

由几何位置可知,R_t、R_r 受到两个几何约束:

$$| R_t - R_r | \leqslant R_b,\ | R_t + R_r | \geqslant R_b$$

式中:R_b 为发射雷达与接收雷达之间的距离。

不考虑大气对雷达波的损耗,由式(5.2)可知,在 $B_{bistatic}$ 确定后,只要确定了 R_b、$\sigma_b(\beta)$,就能计算出雷达的探测空域,并可在此基础上进行多部机载双基雷达的空间部署构型设计。而在前述的假设条件下,我方发射机机载雷达的照射波可以近似为从目标鼻锥方向入射,因而目标的双基雷达散射面积 $\sigma_b(\beta)$ 的影响因子可以假设为 $\alpha_t = \varphi_t = 0$,仅需要知道目标在 $0°$ 入射波照射下的双站 RCS 空间分布,就能够计算出机载双基雷达对隐身目标的探测空间。在探测隐身飞机的雷达方程中,通过比较接收机端的信号功率(P_r)与最小接收机功率(P_{rmin})大小,以此来判定隐身目标是否被探测到。由双基雷达方程式(5.1)可得

$$P_r = \frac{P_t G_t G_r \lambda^2 \sigma_b(\beta)}{(4\pi)^3 (R_t R_r)_{max}^2} \tag{5.3}$$

如果满足

$$P_r \geqslant P_{rmin} \tag{5.4}$$

则认为隐身目标被探测到,否则不能。

5.1.2.2　协同反隐身探测空域覆盖模型解算

由于隐身飞机双站 RCS 空间分布的随机性大,无法通过数学方程进行精确表示,所以难以通过直接求解双基雷达方程进行探测空域计算。为此,本节借鉴空间分割法进行求解[12]。空间分割法的基本思路是:在雷达探测区域内进行高度上分层、水平上划分网格,将整个警戒空域划分为以 $\Delta x \times \Delta y \times \Delta z$ 为最小单元的空间网格,分别计算"1 发 J 收"集群形成的"$1 \times J$"部机载双基雷达对每个网格中心点的检测概率,作为对该网格空间的检测概率。

设警戒空域为 Ω_s,Ω_s 在 x 坐标轴上的最大值和最小值分别为 x_{max} 和 x_{min},

在 y 坐标轴上的最大值和最小值分别为 y_{max} 和 y_{min},在 z 坐标轴上的最大值和最小值分别为 z_{max} 和 z_{min},设 x、y、z 轴方向上的步长分别为 Δx、Δy、Δz,高度分层数为 K_z,x 和 y 方向上划分网格的数量分别为 K_x 和 K_y,一般可取 $\Delta x = \Delta y$,这样在每一高度层网格均为正方形,划分网格后每个小立方体的体积为 $\Delta v = \Delta x \Delta y \Delta z$。

在区域内,任一网格中心点 Q 的坐标可以表示为

$$(x_{min} + i_x \Delta x + \Delta x/2, y_{min} + i_y \Delta y + \Delta y/2, z_{min} + i_z \Delta z + \Delta z/2)$$

式中: $0 \leqslant i_x \leqslant K_x$, $0 \leqslant i_y \leqslant K_y$, $0 \leqslant i_z \leqslant K_z$。

将发射机及接收机的坐标确定后,结合点 Q 坐标就可以求得 R_t 和 R_r,然后,将所求结果代入式(5.3)中求得 P_r,最后依据式(5.4)判断点 Q 是否能被探测到。

当遍历所有警戒区 Ω_s 后,便可求得每一块小正方体的可探测体积,然后将所有可探测区域求和,便得到双基雷达对隐身目标的探测范围。需要指出的是,这个求解算法的结果只能是一个近似值,空域划分的 Δx、Δy、Δz 越小,近似值就越精确,但同时也会带来庞大的计算量。

5.1.3 评判指标及评判原则

在解决了双基雷达探测区域问题后,需要选定相应的评判指标,根据相应的指标体系来进一步确定接收机的具体位置,从而得到协同反隐身的空间构型。为此,本节结合集群作战的实际需要,将防御面积、最远探测距离、接收机前置距离、接收机安全距离作为评价指标。下面结合图5.3对这些指标作如下定义。

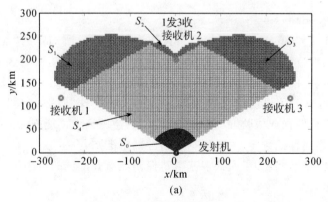

图5.3 单发多收探测区域范围

(a)1发3收的探测区域

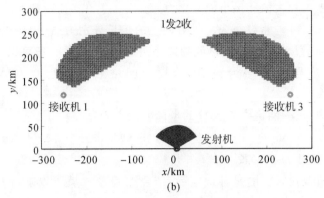

续图 5.3　单发多收探测区域范围

(b)1 发 2 收的探测区域

图 5.3 是基于以上空域覆盖的模型,同时考虑有人/无人战斗机机载雷达通常存在的最大扫描角限制 $v \leqslant v_{\max}$,用 Matlab 绘制的 1 发 3 收和 1 发 2 收的探测区域(由于敌我飞机在高度方面,其差值相对较小,故在仿真计算时,简化为二维平面来计算),其中深色区域表示发射机自发自收探测区域 S_0,较浅色区域为接收机 1、接收 2 和接收机 3 的探测区域,分别为 S_1、S_2 和 S_3。

5.1.3.1　评判指标定义

定义 5.1　防御面积=探测面积+保护面积,即

$$\text{area} = \text{area\_detect} + \text{area\_protect} \tag{5.5}$$

式中:探测面积(area_detect)指"1 发 J 收"集群形成的"$1 \times J$"部机载双基雷达所探测区域的净总和,即所有探测区域面积求和后减去其中重叠的部分。在图 5.3(a)中,有

$$\text{area\_detect} = S_0 + S_1 + S_2 + S_3 - (S_1 \bigcap S_2) - (S_2 \bigcap S_3) \tag{5.6}$$

保护面积(area_protect)是指对探测盲区类型的甄别后所确定的"无害盲区"面积。其中"无害盲区"指介于连通的"$1 \times J$"部机载双基雷达探测区域下沿和发射机探测区域上沿部分的雷达探测盲区,如图 5.3(a)中的最浅色区域 S_4。而在图 5.3(b)中,由于敌机可能从接收机 1 和接收机 3 探测区域的间隙中突击进来,对我方飞行器构成威胁,故介于两者之间的空白区域不能视为保护面积。关于探测空域连通性的判定,主要依据连通性判定准则。

连通性判定准则:如果两部双基雷达探测域重叠区域的最小深度 w(指向目标来向)满足

$$w \geqslant t_{\text{trancemin}} v_{\text{Tmax}} \tag{5.7}$$

则可认为其探测区域是连通的。式中:$t_{\text{trancemin}}$ 为双基雷达从探测到目标开始至

形成稳定航迹所需的最小时间；v_{Tmax}为目标飞机最大飞行速度。

定义 5.2　最远探测距离（D_max）指发射机至探测区域前沿的最远距离，即

$$D\_max = \max\left\{\sqrt{(x_1 - x_{\mathrm{t}})^2 + (y_1 - y_{\mathrm{t}})^2}, \cdots, \sqrt{(x_i - x_{\mathrm{t}})^2 + (y_i - y_{\mathrm{t}})^2}, \cdots\right\}$$

(5.8)

式中：$(x_{\mathrm{t}}, y_{\mathrm{t}})$表示发射机的坐标；$(x_i, y_i)(i=1,2,\cdots)$表示位于探测区域前沿点的坐标。

定义 5.3　接收机前置距离（R_far）指接收机位于发射机前方的距离，即

$$R\_far = |y_{\mathrm{r}} - y_{\mathrm{t}}| \tag{5.9}$$

式中：y_{r}表示接收机的纵坐标；y_{t}表示发射机的纵坐标。

定义 5.4　接收机安全距离（R_min）指接收机至探测边界前沿的最近距离，即

$$R\_min = \min\left\{\sqrt{(x_1 - x_{\mathrm{r}})^2 + (y_1 - y_{\mathrm{r}})^2}, \cdots, \sqrt{(x_i - x_{\mathrm{r}})^2 + (y_i - y_{\mathrm{r}})^2}, \cdots\right\}$$

(5.10)

式中：$(x_{\mathrm{r}}, y_{\mathrm{r}})$表示接收机的坐标；$(x_i, y_i)(i=1,2,\cdots)$表示位于探测区域前沿点的坐标。

5.1.3.2　评判原则

在选定了评判指标后，就需要设定相应的评判原则。而评判原则的设定，需要结合特定的作战意图及作战场景进行。

原则 1：从我机自身安全出发，在对敌隐身目标实施有效探测时，需要考虑R_far和R_min。基于前文的假设，敌机是朝着发射机的方向飞行的，为了保护发射机，接收机就必须布置在发射机的前方区域（即$y_{\mathrm{r}} - y_{\mathrm{t}} \geqslant 0$），故$R\_far$越大越好。同时，接收机虽然处于静默状态，但是$R\_min$过小，其自身安全性就不能得到保证，故$R\_min$应该大于或者等于某一临界值。

原则 2：在无任何先验敌机的情况下，敌机来向不确定，此时为了提高探测概率，应选用 area 作为主评判依据，D_max作为辅评判依据。

情形一：如果D_max足够大（远大于敌机导弹的射程），则 area 越大，其集群探测效能越好。

情形二：如果 area 相等，则D_max越大，集群探测效能越好。

情形三：如果 area 足够大，但是D_max比较小（但是比敌机导弹射程大），此时应从维护自身安全角度出发，R_far和R_min越大，集群探测效能越好。

需要指出的是，在情形一和情形二中，由于D_max足够大，能在探测敌机的同时确保自身的安全，故可以暂时不考虑R_far和R_min两个指标，但是在后

期随着战场态势的变化及作战任务的需要,需要视情况进行调整。

原则 3:如果已知敌机大概的方位来向,此时,为了便于对敌机进行跟踪,应选最远探测距离作为主评判依据。D_max 越大,集群探测效能越好。

5.1.4 仿真试验及结果分析

航空集群协同反隐身探测空间构型由接收机相对于发射机的方位角(θ)及基线距离(接收机与发射机之间的距离 R_b)所确定。为此,基于前文理论分析,在二维平面内进行仿真试验。仿真条件为:假设敌隐身飞机在发射机前向[0,π]空间指向发射机飞行;机载雷达最大扫描角 $v_{max}=120°$;雷达单发单收对目标迎头探测距离设为 $r_t=50$ km;$\Delta x=\Delta y=2$ km。首先以 1 发 1 收为例,取 $\theta=$[0°:10°:180°],$R_b=3r_t$,分析 θ 对航空集群探测效能的影响,仿真结果如图 5.4 和图 5.5 所示。然后,以 1 发 2 收为例,取 $R_b=[1.0r_t,7.0r_t]$,间隔为 $0.5r_t$,$\theta_1=0°,\theta_2=180°$,分析 R_b 对航空集群探测效能的影响,仿真结果如图 5.6 所示。通过仿真结果,找出空间构型与反隐身效能的映射逻辑。

图 5.4 为接收机方位角分别为 0°、30°、60°、90°、120°、150°、180°时的探测空域分布,图 5.5 为防御面积随方位角 θ 的变化趋势。由图 5.5 可知:当接收机配置在[0°,30°)、(150°,180°]时,能形成较大的探测空域,其探测空域面积为发射机自发自收探测空域面积的 3.3～4.4 倍。而将接收机布设在发射机正前方,其探测效能最差,图 5.4 中接收机 4 的探测区域面积仅为接收机 1 和接收机 7 的 1/8。

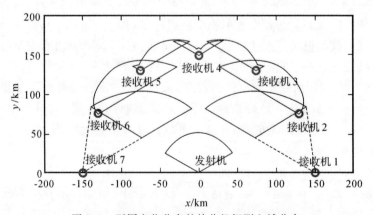

图 5.4 不同方位分布的接收机探测空域分布

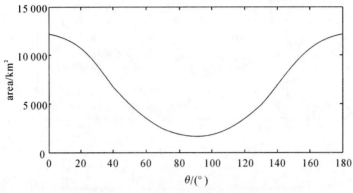

图 5.5　area 随 θ 的变化趋势

　　图 5.6 反映的是 1 发 2 收在不同的基线距离下的探测空域分布情况。对比图 5.6(a)～(d)可知:基线距离不同,其探测空域形状以及大小也不同。当基线距离较小($4.5r_t$ 以内)时,双基雷达有连续的探测空域,且其防御面积随基线距离增大而增大;而当基线距离较大(大于 $4.5r_t$)时,其探测空域开始离散化,且随着基线距离的增大,其探测空域开始萎缩,甚至失去双基雷达探测能力[见图 5.6(d)中的接收机 1 和接收机 2]。

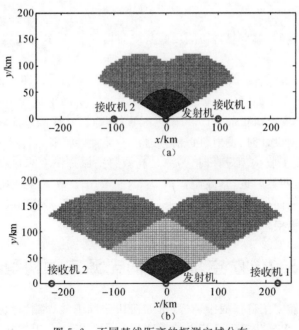

图 5.6　不同基线距离的探测空域分布

(a)$R_b = 2.0r_t$;(b)$R_b = 4.5r_t$

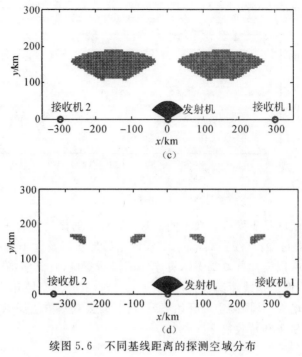

续图 5.6   不同基线距离的探测空域分布

(c)$R_b = 6.0r_t$;(d)$R_b = 7.0r_t$

仿真结果表明:航空集群协同反隐身空间构型不同,其探测空间的大小和形状也显著不同。

(1)当接收机配置在发射机左、右两翼$[0,(\pi - v_{max})/2)$和$((\pi + v_{max})/2,\pi]$时,会在发射节点正面$[(\pi - v_{max})/2,(\pi + v_{max})/2]$空间形成较大的反隐身探测空域。但是,在发射机正前方($90°$)附近配置接收机,其探测效能较差。因此,在进行反隐身构型设计时,发射机正前方通常不配置接收节点。

(2)在1发J收构型设计时,为满足高威胁空域探测要求,应将接收机配置在发射机左、右两翼附近,基线距离取$2.5r_t \sim 4.5r_t$。在此空间构型下,各节点形成的探测空域向外充分扩张并紧密衔接,有利于远距离发现隐身目标并防止其从各节点探测空域结合部分进入。

5.2   航空集群协同无源定位构型

在未来的航空集群作战中,对敌机如何快速准确地探测、定位,是夺取制空权和制电磁权,引导我机精确打击的重要保证。随着电子干扰和反辐射导弹技术的不断发展,以雷达为代表的有源探测方式日益受到威胁。而航空集群协同无源探测定位系统具有作用距离远、不易受到电子干扰、隐蔽性好等优势。同时,航空集群无源探测定位在集群飞行器自身定位精度、参数测量精度一定的情况下,其定位效能的发挥与航空集群空间构型息息相关。

因此本节从航空集群协同无源定位空间构型入手,以典型三机协同无源时差定位构型为例,把定位区域范围和定位距离作为评价因子,通过仿真分析找到最优的三机相对位置、基线夹角、基线距离及主辅机之间的高度差,从而得到最优的三机协同无源时差定位空间构型,为航空集群协同探测能力实现提供技术支持。

5.2.1 基本原理分析

5.2.1.1 三机协同无源时差定位原理

时差定位(Time Difference Of Arrival, TDOA)又称为双曲线定位,它通过处理多平台接收到的辐射源信号到达时间差数据对辐射源进行定位[13]。对于航空集群协同无源定位而言,在二维平面内敌机雷达辐射源信号到达我机两架航空飞行器的时间差确定了以两机载平台为焦点的半边双曲线,三架航空器则形成两条半边双曲线,通过求解这两条半边双曲线的交点,即可确定敌机的位置,从而完成对敌机位置的锁定。其原理如图 5.7 所示[14]。

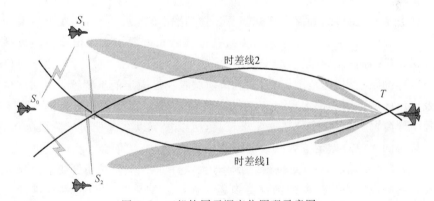

图 5.7 二机协同无源定位原理示意图

图 5.7 中,接收站由三架航空器(S_0, S_1, S_2)组成,其中 S_0 为主机,S_1、S_2 为辅机,敌机为辐射源 T。假设其坐标为 $S_i = (x_i, y_i, z_i)$,$i = 0, 1, 2$,目标辐射源的空间位置记为 $T = (x, y, z)$。S_0、S_1 确定时差线 1,S_0、S_2 确定时差线 2,两时差线相交确定目标 T 的位置。其定位方程为

$$\left.\begin{aligned}
\Delta r_i &= r_0 - r_i = c\Delta t_i \\
r_0 &= \sqrt{(x-x_0)^2 + (y-y_0)^2 + (z-z_0)^2} \\
r_i &= \sqrt{(x-x_i)^2 + (y-y_i)^2 + (z-z_i)^2}
\end{aligned}\right\} \tag{5.11}$$

式中:$r_i(i=0,1,2)$为敌机 T 到第 i 架航空器的空间距离;$\Delta r_i(i=1,2)$为敌机 T 到主站 S_0 与辅站 S_i 之间的距离差;c 为光速;Δt_i 为敌机 T 到主站 S_0 与辅站 S_i 之间的时间差。通过解方程式(5.11)即可得到敌机的位置。

5.2.1.2 三机协同无源时差定位空间构型确定原理

对于三机编队方式而言,主辅机之间的相对位置、基线之间的夹角、基线的距离及主辅机之间的高度差是确定三机空间构型的决定因素。主辅机之间的相对位置指主机在辅机的后方或者主机在辅机的前方;基线指主机与辅机之间的连线;主辅机之间的高度差指主机与辅机在垂直方向(z 方向)上的差值(差值为负,表示主机位于辅机下方;差值为零,表示同高度;差值为正,表示主机位于辅机上方)。当三机编队的四个决定因素确定,其空间构型也确定,这样就把最优空间构型问题转化为确定最优的主辅机相对位置、基线距离、基线夹角及主辅机高度差。

要确定最优的空间构型,必然需要设定量化衡量指标。对于航空集群协同无源定位来说,一方面需要确保定位精度,另一方面还需要确保定位距离及定位区域范围。不同的作战阶段,其定位精度要求也不同。对于态势级阶段而言,其主要任务是发现目标,确保有无的问题,对定位精度要求不高;而在火控引导阶段,其定位精度必须满足导弹导引头截获目标的精度要求。确保定位距离是为了确保我机距离敌机有足够的安全距离;确保定位区域范围是为了便于我机对敌机目标的锁定跟踪,范围越大,敌机机动摆脱我机锁定的难度越大。对定位距离及定位区域范围的确定,均是在满足一定的定位精度条件下进行的。由于在火控引导阶段,对目标定位精度要求较高,所以本节以在火控引导阶段为例,探讨三机协同无源时差定位编队最优构型。

在火控引导阶段,对其定位精度要求较高,这里假设其定位精度要求为 800 m;定位距离的设定主要依据美国空空中程导弹——AIM-120D 的参数进行设定(最大射程为 120~150 km)[15-17],为了确保我机处于敌机导弹的攻击范围之外,取定位距离为 150 km。现对定位距离和定位区域范围作如下定义。

定位距离指在满足相应的定位精度条件下,其无源时差定位系统所能定位到的最远目标距离最前方航空集群编队飞行器的水平距离,用符号 D 表示。

定位区域范围指在满足相应的定位精度条件下,无源时差定位系统在主机前方区域所能定位到的区域范围。该范围通过计算其区域面积来衡量,用符号

A 表示。

这里选取定位距离和定位区域范围作为评判航空集群空间构型优劣的指标。现对评判依据作如下规定。

无源定位距离具有优先决定权,即在评判航空集群协同无源时差定位空间构型优劣时,无源定位距离越大,其空间构型越好。当无源定位距离相等时,比较其定位区域范围的大小,区域范围越大,空间构型越好。

5.2.2 三机协同无源时差定位精度理论推导

三机协同无源时差定位精度的高低通常用"几何精度衰减因子"(Geometrical Dilution Of Precision,GDOP)来衡量[18-19],GDOP 值越小,定位精度越高。这里主要讨论水平面范围内的 GDOP,其表达式[20-21]为

$$\text{GDOP} = \sqrt{\sigma_x^2 + \sigma_y^2} \tag{5.12}$$

式中:σ_x^2、σ_y^2 分别表示 x、y 方向上的定位方差。这里借鉴文献[20-22]中影响因素参数的处理方法进行简要推导。

根据式(5.11),对 $\Delta r_i = r_0 - r_i$ 求微分得

$$\text{d}(\Delta r_i) = (f_{0x} - f_{ix})\text{d}x + (f_{0y} - f_{iy})\text{d}y + (h_i - h_0), \quad i = 1,2 \tag{5.13}$$

式中

$$\begin{cases} f_{ix} = (x - x_i)/r_i \\ f_{iy} = (y - y_i)/r_i \quad , \quad i = 1,2 \\ h_i = f_{ix}\text{d}x_i + f_{iy}\text{d}y_i \end{cases}$$

令

$$\boldsymbol{F} = \begin{bmatrix} f_{0x} - f_{1x} & f_{0y} - f_{1y} \\ f_{0x} - f_{2x} & f_{0y} - f_{2y} \end{bmatrix} \tag{5.14}$$

$$\left. \begin{aligned} \text{d}\boldsymbol{X}_s &= \begin{bmatrix} h_1 - h_0 & h_2 - h_0 \end{bmatrix}^{\text{T}} \\ \text{d}\boldsymbol{X} &= \begin{bmatrix} \text{d}x & \text{d}y \end{bmatrix}^{\text{T}} \\ \text{d}\boldsymbol{Y} &= \begin{bmatrix} \text{d}(\Delta r_1) & \text{d}(\Delta r_2) \end{bmatrix}^{\text{T}} \end{aligned} \right\} \tag{5.15}$$

由原理分析可知:$\text{d}\boldsymbol{X} = \begin{bmatrix} \text{d}x & \text{d}y \end{bmatrix}^{\text{T}}$ 表示敌机的定位误差,$\text{d}(\Delta r_i)$ 表示时差测量误差对应的距离差测量误差,$(\text{d}x_i, \text{d}y_i)$ 代表我机的自身位置误差。

联立式(5.14)和式(5.15)可将式(5.13)写成矩阵形式为

$$\text{d}\boldsymbol{Y} = \boldsymbol{F}\text{d}\boldsymbol{X} + \text{d}\boldsymbol{X}_s \tag{5.16}$$

用伪逆法求解式(5.9)得

$$\text{d}\boldsymbol{X} = (\boldsymbol{F}^{\text{T}}\boldsymbol{F})^{-1}\boldsymbol{F}^{\text{T}}(\text{d}\boldsymbol{Y} - \text{d}\boldsymbol{X}_s) \tag{5.17}$$

令

$$\boldsymbol{B} = (\boldsymbol{F}^{\mathrm{T}}\boldsymbol{F})^{-1}\boldsymbol{F}^{\mathrm{T}} \tag{5.18}$$

由于各时间测量中均含主机 S_0 测量到达时间的误差,所以各 Δr_i 的测量误差是相关的。假定 Δr_i 测量误差经系统修正后是零均值的,且 $\mathrm{d}(\Delta r_i)$ 与 $\mathrm{d}(\boldsymbol{X}_s)$ 之间各分量互不相关,由定位误差协方差为

$$\boldsymbol{P}_{\mathrm{d}\boldsymbol{X}} = E[\mathrm{d}\boldsymbol{X}\mathrm{d}\boldsymbol{X}^{\mathrm{T}}] = \boldsymbol{B}\{E[\mathrm{d}\boldsymbol{Y}\mathrm{d}\boldsymbol{Y}^{\mathrm{T}}] + E[\mathrm{d}\boldsymbol{X}_s\mathrm{d}\boldsymbol{X}_s^{\mathrm{T}}]\}\boldsymbol{B}^{\mathrm{T}} \tag{5.19}$$

假设主站 S_0 到辅站 S_i 之间的距离测量误差的均方差为 σ_r,Δr_i 与 Δr_j 间的相关系数均为 η,则可得

$$E[\mathrm{d}\boldsymbol{Y}\mathrm{d}\boldsymbol{Y}^{\mathrm{T}}] = \begin{bmatrix} \sigma_r^2 & \eta\sigma_r^2 \\ \eta\sigma_r^2 & \sigma_r^2 \end{bmatrix} \tag{5.20}$$

设我机之间自身定位误差均方差为 σ_s,则

$$E[\mathrm{d}\boldsymbol{X}_s\mathrm{d}\boldsymbol{X}_s^{\mathrm{T}}] = \left[\begin{pmatrix} h_1 - h_0 \\ h_2 - h_0 \end{pmatrix}(h_1 - h_0 \quad h_2 - h_0)\right] = \begin{bmatrix} 2 & 1 \\ 1 & 2 \end{bmatrix}\sigma_s^2 \tag{5.21}$$

由式(5.19)~式(5.21)可得

$$\boldsymbol{P}_{\mathrm{d}\boldsymbol{X}} = \boldsymbol{B}\begin{bmatrix} \sigma_r^2 + 2\sigma_s^2 & \eta\sigma_r^2 + \sigma_s^2 \\ \eta\sigma_r^2 + \sigma_s^2 & \sigma_r^2 + 2\sigma_s^2 \end{bmatrix}\boldsymbol{B}^{\mathrm{T}} \tag{5.22}$$

由式(5.19)知矩阵 $\boldsymbol{P}_{\mathrm{d}\boldsymbol{X}}$ 主对角线上的元素分别为 σ_x^2、σ_y^2。根据 GDOP 定义式(5.12)和式(5.22)得

$$\mathrm{GDOP} = \sqrt{\sigma_x^2 + \sigma_y^2} = \sqrt{\mathrm{trace}\boldsymbol{P}_{\mathrm{d}\boldsymbol{X}}} \tag{5.23}$$

5.2.3 仿真结果分析

5.2.3.1 三机相对位置选定

在水平方向上,三机成等腰三角形的布局,主要分两种情形:主机在前,两辅机在后;主机在后,两辅机在前。其位置布局示意图如图 5.8 所示,其中 S_0 表示主机,S_1 和 S_2 表示辅机。为了确定最优的三机协同无源定位空间构型,应从两种情形中筛选出较优的三机位置布局。

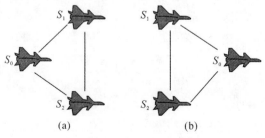

图 5.8 三机位置布局示意图

考虑到空中飞行的实际情况,三机不可能严格共面,为便于计算,仿真初始条件取 $z=10$ km, $z_0=6$ km, $z_1=z_2=11$ km,飞机自身定位误差 $\sigma_s=30$ m,时差 $\sigma_t=15$ ns,相关系数 $\eta=0.35$,基线 $l=40$ km,基线夹角 $\beta=60°$,仿真结果如图 5.9 所示。

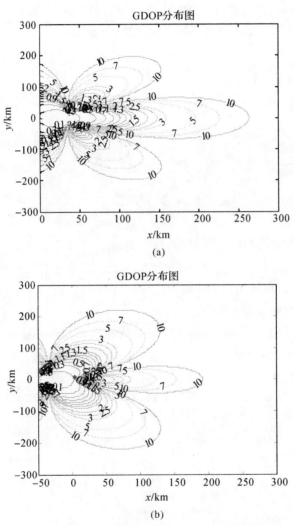

图 5.9　不同位置布局的定位误差分布等值线图
(a)主机在后;(b)主机在前

图 5.9 反映了在两种布局情况下,主站前方 300 km 区域内的定位误差分布情况。其中"＊"代表主机,"。"代表辅机,图中弧线上标注的数值表示定位精度,如 GDOP=0.5 km,表示定位精度为 500 m,弧线外围空白区域表示定位精

度在 10 km 以内的定位盲区。由图 5.8 和图 5.9 可知：在不同的位置布局条件下，其定位精度的分布也不同，且有部分区域无法实现定位；定位精度的分布存在方向性，当取 GDOP=2 km 时，$D_a=102.359$ km$>D_b=28.359$ km，故图5.8(a)所示的空间构型优于图 5.8(b)。

由以上分析可知，三机协同无源定位空间构型应选用"主机在后，两辅机在前"的相对位置布局。其具体空间构型如图 5.10 所示。

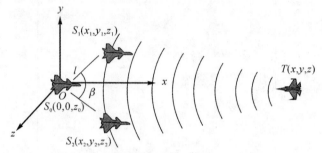

图 5.10 三机协同无源定位空间构型示意图

图 5.10 中三机成等腰三角形，基线距离为 l，两基线夹角为 β，坐标系建立在主机 S_0 上，其坐标为 $S_0=(0,0,z)$，$S_i=(x_i,y_i,z_i)$，$i=1,2$，$T=(x,y,z)$。后文中的仿真均在该位置布局的基础上进行。

5.2.3.2 基线夹角 β 的确定

为了直观地得出不同 β 条件下三机协同无源定位的定位精度等值线分布情况，取 $\beta=30°$、$90°$、$150°$，其他条件与 5.2.3.1 节中仿真条件一致，得到仿真图 5.11。

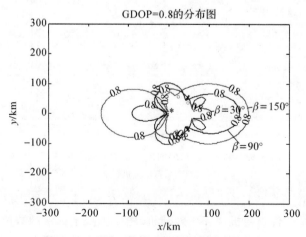

图 5.11 不同 β 条件下的定位等精度线分布

　　图 5.11 反映了在基线夹角分别为 30°、90°、150°时,GDOP＝0.8 km 的定位等精度线分布情况。由图可知:基线夹角越大,其定位等精度线范围越大(表明其定位精度越高);无源定位方向随基线夹角的增大逐渐偏向主机正前方。该结论可为航空集群对敌机进行无源探测定位提供机动方向参考。

　　由于仅从定性层面无法确定最优的 β 值,还需要从定量层面进行仿真分析,为此,设定仿真条件如下:$\beta \in [30°,180°]$,步长为 10°,其他条件与 5.2.3.1 节中仿真条件一致,取 GDOP≤0.8 km 得仿真图 5.12 和图 5.13。

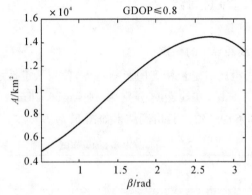

图 5.12　无源定位区域范围随 β 的变化趋势

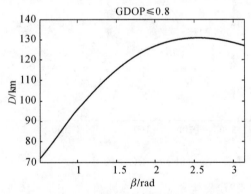

图 5.13　无源定位距离随 β 的变化趋势

　　图 5.12 表示的是,在定位精度为 800 m 以内的定位区域范围随基线夹角 β 的变化趋势,图 5.13 则代表其定位距离随基线夹角 β 的变化趋势。从两图中的曲线变化趋势可以得出:在一定的范围内,三机协同无源定位的性能随着基线夹角的增大而增强,但是超过一定的范围,其定位性能反而随着夹角的增大而减弱。图 5.12 中,在 $\beta=160°$ 时,A 达到峰值 14 446 km^2,图 5.13 中,当 $\beta=150°$

时，D 达到峰值 133 km。具体仿真结果见表 5.1。

表 5.1　不同 β 情况下的 A 及 D 对应值

$\beta/(°)$	90	120	150	160	170	180
A/km^2	9 894	12 800	14 413	14 446	14 092	13 230
D/km	118	130	133	132	130	127

由前文的评判标准可知：取 $\beta=150°$，可实现三机协同无源定位性能的最优化。

5.2.3.3　基线距离 l 的确定

为了得到基线距离对定位精度的影响趋势，首先从定性层面进行分析，设定仿真条件如下：$\beta=150°$，基线距离分别为 40 km、60 km、80 km，其他条件与 5.2.3.1 节中仿真条件一致。其仿真结果如图 5.14 所示。

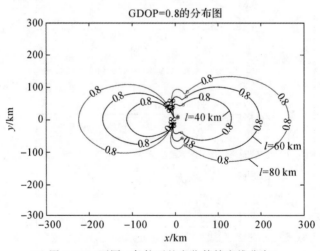

图 5.14　不同 l 条件下的定位等精度线分布

图 5.14 中，"＊"代表主机，"。"代表辅机，表示 $l=40$ km、60 km、80 km 时 GDOP＝0.8 km 的定位等精度线分布。由图 5.14 可知：基线距离增大，等精度线的范围扩大（表明其定位精度提高）；两基线距离同时增大时，定位精度在其基线距离增大方向及主机朝向方向上有显著提高，而在其基线的反方向上定位精度几乎不变。

为了确定具体的基线距离，设定仿真条件如下：$\beta=150°$，基线距离 $l=20\sim 200$ km，步长取 10 km，其他条件与 5.2.3.1 节中仿真条件一致。仿真结果如图

5.15 所示。

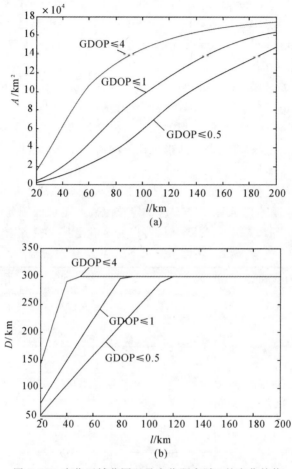

图 5.15　定位区域范围以及定位距离随 l 的变化趋势

(a)定位区域范围；(b)定位距离

图 5.15(a)表示定位精度为 0.5 km、1 km、4 km 以内的定位区域范围随基线距离的变化趋势，图 5.15(b)则表示无源定位距离随基线距离的变化趋势。在图 5.15(a)中，当 GDOP≤0.5 km 和 GDOP≤1 km 时，其定位区域范围随 l 增大而增大，而 GDOP≤4 km 的定位区域范围随着 l 的增大，其增大趋势逐渐趋于饱和；在图 5.15(b)中，不同的定位精度，其定位距离均随 l 增大而增大，最终达到饱和。之所以会出现不同的定位精度，其定位区域范围的变化趋势不同，是因为仿真设定中仅仅是反映主机前方 300 km 范围内的定位精度分布情况。而 GDOP≤0.5 km 和 GDOP≤1 km，分别在 $l=120$ km 和 $l=90$ km，其定位范

围在纵向方向(x轴方向)上已达到 300 km,故定位距离保持不变,但是其在横向方向(y轴方向)上还未达到饱和,因此其定位区域范围继续随基线距离的增大而增大。而 GDOP≤4 km,在 $l=50$ km 时,其定位距离已经达到饱和,但是其横向方向则是在 $l=120$ km 开始趋于饱和,故其定位区域范围在 $l>120$ km 逐渐趋于饱和。

结合图 5.14 和图 5.15 可知:三机协同无源时差定位性能随基线距离的增大而增强。但是结合航空集群编队协同作战的实际情况,如果两架飞机距离太远,一是不利于航空集群编队队形的保持与控制,二是航空集群内部之间的通信代价大,三是不利于航空集群编队根据任务的需要而进行重构。例如,航空集群协同无源定位队形与航空集群协同有源定位队形和航空集群协同制导队形的变换。因此关于基线距离的确定,这里主要依据火控级的战术指标来确定。不同基线距离和不同定位精度条件下对应的定位距离及定位区域范围见表 5.2。由评判标准可知:当 l 取 60~80 km 时,可以完全满足其火控引导定位精度要求。

表 5.2　不同 l 情况下的 A 及 D 对应值

l/km	GDOP/km	0.5	0.8	2
100	A/km^2	59 399	90 644	211 059
	D/km	237	306	495
80	A/km^2	38 012	58 000	134 987
	D/km	189	245	396
60	A/km^2	21 344	32 577	75 789
	D/km	142	183	297
40	A/km^2	9 457	14 413	33 474
	D/km	94	122	197

5.2.3.4　主辅机之间高度差 Δz 的确定

为了探究主机与辅机之间的高度差对航空集群定位性能的影响,设定主机与辅机之间的高度差为 $\Delta z=z_0-z_1=-6~6$ km,步长为 1 km,基线距离 $l=60$ km,$z_1=z_2=8$ km,其他仿真条件与 5.2.3.1 节中仿真条件一致。取 GDOP≤0.8 km 得仿真结果如图 5.16 所示。

图 5.16(a)反映了在不同目标高度条件下,GDOP≤0.8 km,其定位区域范围随主辅机高度差的变化趋势,图 5.16(b)则表示其定位距离随主辅机高度差

的变化趋势。由图可知:当三机与敌机同高度时,其定位性能最差;当主机与辅机之间存在高度差[±(1~2) km],且主机与敌机同高度时,其定位性能最佳。综上所述,主机与辅机之间的高度差对三机协同无源时差定位性能有一定的影响,但是其主要对定位区域面积影响较大,而对定位距离却影响甚微;应当避免三机与敌机同高度的情形;主机应与敌机尽量保持同高度,且主辅机之间存在±(1~2) km 的高度差。

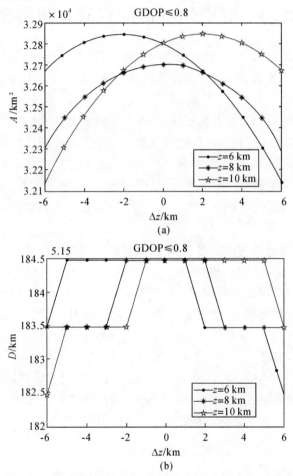

图 5.16　定位区域范围以及定位距离随 Δz 的变化趋势

(a)定位区域范围;(b)定位距离

基于以上分析,可得下述结论。

(1)三机协同无源时差定位性能的发挥与三机的空间构型息息相关。

(2)三机成等腰三角形空间构型时,其在主机朝向的方向上定位性能最优,故在遂行航空集群协同无源定位作战任务时,应调整主机朝向,使其朝向敌机方向。

(3)三机协同无源时差定位空间构型为:主机在后、辅机在前,基线夹角为150°,基线距离为60～80 km,主机与目标同高度且主辅机之间高度差为±(1～2)km,其无源定位精度可以达到火控引导级。

5.3　航空集群协同空战攻击构型

通过航空集群数量的调整、构型的优化,可以获得针对不同作战任务、不同作战规模的航空集群空空导弹最优协同攻击区,达到提升集群作战能力和抗毁伤能力的目的。

在单机空空导弹攻击区的研究中,学者们做了大量的工作,并取得了较为丰硕的成果,然而关于协同攻击区的研究相对较少。舰空导弹在协同攻击区领域取得了一定的研究成果,为舰空导弹的协同发射提供了参考。空空导弹在协同制导律方面的研究较多[23-26],然而关于协同攻击区的研究相对较少,仅有文献[27]对双机编队协同攻击区展开了相关研究,对影响协同攻击区的因素做了具体分析。

针对当前热点研究的航空集群智能/自主空战对集群体系杀伤能力度量的迫切需求,本章首先建立目标不机动情况下有人/无人集群协同攻击区数学模型,得到一般构型理论协同攻击区解算方法。由于航空集群协同攻击区影响因素较多,寻优规律不明显,本节采用智能优化算法对航空集群空间构型进行寻优。利用 Tent 混沌序列[28-29],将自适应 Tent 混沌搜索(Self-Adaptive Tent Chaos search, SATC)方法用于灰狼优化算法(Grey Wolf Optimizer algorithm, GWO)[30],提出了自适应 Tent 混沌搜索的灰狼优化算法(Self-Adaptive Tent Chaos search Grey Wolf Optimizer algorithm, SATC - GWO)。最后,利用 SATC - GWO 对航空集群空间构型进行寻优,并得到目标不机动情况下的航空集群最优协同攻击区。

5.3.1　航空集群空空导弹协同攻击区概念

航空集群空空导弹协同攻击区,简称航空集群协同攻击区,是指航空集群内的有人/无人载机,为提高导弹命中概率、增大攻击区域或达成某种战术目的,通过信息共享、协同制导或者战术配合等多种协同方式,在不同的空间位置发射空空导弹能够命中目标的目标起始点所组成的区域。

5.3.1.1　多机协同攻击方式

单机发射、单机制导的导弹攻击模式,不适应于未来航空集群背景下的作战模式。随着弹载数据链的发展,载机与载机、载机与导弹,甚至导弹与导弹之间可以通过数据链实现高速通信,共享战场态势信息,从而为协同攻击提供条件。协同攻击的方式主要有以下几种。

(1)本机发射,友机传递制导。受导弹天线接收角度的限制,在导弹发射后的飞行过程中本机可能无法对导弹进行制导。友机可以通过空间位置的调整,对导弹进行指令传输,而控制权仍在载机。

(2)本机发射,友机制导。本机发射导弹后,在面临威胁或者需执行其他任务时,需进行机动,从而无法对导弹进行指令传输。友机可以接替载机对导弹进行中制导。

(3)战术协同。为达成某种战术目的,如增大攻击区域、提高导弹的命中概率、减少我机伤亡等,载机会基于某种战术指标进行空间位置的组合,从而形成协同。

5.3.1.2　航空集群空间构型设计基本原则

未来很长一段时间内,无人机智能水平远不及人的智能,航空集群中的无人机更多地将担负"忠诚僚机"的角色,航空集群构型设计应当满足以下基本原则:

(1)相对于有人机来说,无人机的毁伤代价较小,故集群中应至少将一架无人机部署在构型的前方;

(2)有人机相对于无人机来说,具有指挥控制能力,发挥着集群"大脑"的作用,因而集群中至少应部署一架有人机作为集群的指挥控制核心;

(3)在飞机架数相同、攻击区域大小相等的情况下,为降低有人机的损失,认为最优空间构型中包含的无人机应尽量多。

5.3.2　空间协同攻击区数学模型

下面对航空集群协同攻击区中导弹及载机的运动进行建模。

5.3.2.1　空空导弹运动模型

在惯性坐标系下,航空集群中空空导弹的运动学模型为

$$\left.\begin{array}{l} \dot{x}_{mi} = v_{mi}\cos\theta_{mi}\cos\varphi_{mi} \\ \dot{y}_{mi} = v_{mi}\sin\theta_{mi} \qquad (i = 1,2,\cdots,n) \\ \dot{z}_{mi} = -v_{mi}\cos\theta_{mi}\sin\varphi_{mi} \end{array}\right\} \qquad (5.24)$$

式中:x_{mi}、y_{mi}、z_{mi}分别为第 i 枚导弹在惯性坐标系下 x,y,z 三个方向上的坐标;

v_{mi}、θ_{mi}、φ_{mi} 分别为第 i 枚导弹的速度大小、弹道倾角和弹道偏角；n 为导弹载机的数量；i 表示第 i 架载机所发射的导弹，以下相同。

在弹道坐标系下，导弹的三自由度动力学模型为

$$\left.\begin{array}{l} M_{mi}\dot{v}_{mi} = F_{xi} + P_{xi} \\ M_{mi}v_{mi}\dot{\theta}_{mi} = F_{yi} + P_{yi} \\ - M_{mi}v_{mi}\cos\theta_{mi}\dot{\varphi}_{mi} = F_{zi} + P_{zi} \end{array}\right\} \tag{5.25}$$

上述导弹三自由度动力学模型中，方程等式右边为导弹受力之和，P_{xi}、P_{yi}、P_{zi} 分别为第 i 枚导弹的推力 P_i 的分量；F_{xi}、F_{yi}、F_{zi} 分别为第 i 枚导弹所受除推力外的所有外力分量的代数和。由于导弹主要受发动机推力、空气阻力和重力的作用，式(5.25)可表示为

$$\left.\begin{array}{l} M_{mi}\dot{v}_{mi} = P_i - X_i - M_{mi}g\sin\theta_{mi} \\ M_{mi}v_{mi}\dot{\theta}_{mi} = M_{mi}(n_{myi} - \cos\theta_{mi})g \\ - M_{mi}v_{mi}\cos\theta_{mi}\dot{\varphi}_{mi} = M_{mi}n_{mzi}g \end{array}\right\} \tag{5.26}$$

式中：M_{mi} 为第 i 枚导弹的质量；P_i、X_i 分别为第 i 枚导弹所受推力和空气阻力；θ_{mi} 为第 i 枚导弹弹道倾角；n_{myi}、n_{mzi} 分别为第 i 枚导弹在俯仰、偏航方向的转弯控制过载。M_{mi}、P_i 和 X_i 的变化规律分别为

$$M_{mi} = \begin{cases} M_0 - kt, & 0 \leqslant t \leqslant t_0 \\ M_0 - kt_0, & t_0 \leqslant t \end{cases} \quad (i = 1, 2, \cdots, n) \tag{5.27}$$

$$P_i = \begin{cases} \bar{P}, & 0 \leqslant t \leqslant t_0 \\ 0, & t_0 \leqslant t \end{cases} \quad (i = 1, 2, \cdots, n) \tag{5.28}$$

$$X_i = \frac{1}{2}C_x\rho v_{mi}^2 S \quad (i = 1, 2, \cdots, n) \tag{5.29}$$

式中：k 为燃料平均每秒流速；$\bar{P}$ 为发动机平均推力；C_x 为导弹阻力系数；ρ 为大气密度；S 为导弹特征面积。

5.3.2.2　载机运动模型

在惯性坐标系下，载机的运动模型为

$$\left.\begin{array}{l} \dot{x}_{Fi} = v_{Fi}\cos\theta_{Fi}\cos\varphi_{Fi} \\ \dot{y}_{Fi} = v_{Fi}\sin\theta_{Fi} \\ \dot{z}_{Fi} = - v_{Fi}\cos\theta_{Fi}\sin\varphi_{Fi} \end{array}\right\} \tag{5.30}$$

$$\left.\begin{array}{l} \dot{v}_{Fi} = n_{Fix}g \\ \dot{\theta}_{Fi} = n_{Fiy}g / v_{Fi} \\ \dot{\varphi}_{Fi} = n_{Fiz}g / (v_{Fi}\cos\theta_{Fi}) \end{array}\right\} \tag{5.31}$$

式中：x_{Fi}、y_{Fi}、z_{Fi} 分别为第 i 架载机的位置坐标；v_{Fi} 为第 i 架载机的速度大小；θ_{Fi}、φ_{Fi} 分别为第 i 架载机的俯仰和偏航方向角速度；n_{Fix}、n_{Fiy}、n_{Fiz} 分别为第 i 架载机的纵向控制过载、俯仰方向控制过载和偏航方向控制过载。

5.3.3　空间协同攻击区解算方法

5.3.3.1　协同攻击区约束条件

关于导弹自身的约束条件，如导弹飞行时间限制、飞行高度限制和最小飞行速度限制等，在此不再赘述。下面对航空集群协同攻击的约束条件进行介绍。

（1）在协同制导的协同攻击模式下，两制导机之间的距离 R_{ff} 应小于最远通信距离 R_{cmax}，以确保制导机之间能够实现互相通信，即

$$R_{ff} \leqslant R_{cmax} \tag{5.32}$$

（2）负责制导的飞机与导弹之间的距离 R_{fm} 不能大于数据的最大传输距离 R_{tmax}，即

$$R_{fm} \leqslant R_{tmax} \tag{5.33}$$

（3）为保证导弹能接收到制导机的指令，制导机应处于导弹天线接收角度范围之内。

5.3.3.2　协同攻击区边界搜索方法

空空导弹协同攻击区的边界，是在协同攻击区约束条件下，通过弹道打靶仿真，不断搜索航空集群发射导弹能够命中目标的目标最远/近初始位置点，进而一步步确定的。

为快速有效地求得协同攻击区的边界，本节采用黄金分割搜索方法，依次对已确定方位角和俯仰角的目标位置进行一维搜索。以搜索协同攻击区远界为例，协同攻击区搜索流程如图 5.17 所示。协同攻击区边界具体搜索步骤如下。

（1）确定载机数量为 n，对载机、导弹、目标的参数初始化，令 $i=1$。

（2）以第 i 架载机的导弹为中心建立弹道坐标系，开始确定第 i 架载机的攻击区远界；初始化最大搜索范围 $[R_n, R_f]$。

（3）确定目标相对于导弹的方位角和俯仰角，利用黄金分割搜索方法，更新黄金分割搜索点，判断是否满足发射条件。若满足，则转向步骤（4）；若不满足，继续利用黄金分割搜索法更新黄金分割搜索点，直到该点满足发射条件。

（4）对导弹和目标进行运动仿真，根据之前所述约束条件，以导弹与目标是否小于规定距离来判断导弹是否命中目标且 $|R_f - R_n| < \varepsilon$。若满足，记录该方位角、俯仰角下的攻击区远界；否则，更新黄金分割搜索点，转向步骤（3）。

（5）根据角度搜索范围判断角度搜索是否完毕，若完毕，转向步骤（6）；若未

完毕,更新目标方位角、俯仰角,转向步骤(3)。

(6):令 $i=i+1$,判断 i 是否小于等于 n,若是,则转向步骤(2);否则协同攻击区远边界搜索结束。

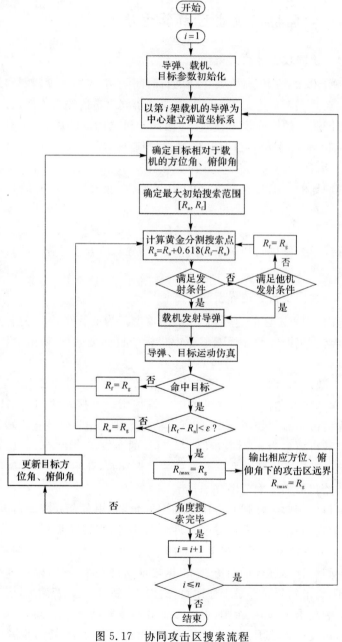

图 5.17　协同攻击区搜索流程

5.3.3.3　协同攻击区体积求解方法

攻击区的远边界和近边界分别是由以上所求远边界点和近边界点所连成的面,侧边界是由相同方位角和俯仰角的远边界和近边界的边缘点的连线所构成的面,攻击区域是由以上边界包围所形成的封闭区域,攻击区域大小就是该区域的体积大小。

由于该区域不能用明确的解析式来表达,无法用积分的方式对其进行求解,且该区域呈不规则状,所以可以用蒙特卡洛法求解协同攻击区体积,具体方法如下:

(1)求得攻击区的边界,并将攻击区置于一个可以将其包围住的体积可求的规则几何体中,记该规则几何体的体积为 V_r;

(2)在该几何体中产生足够多的 M 个随机点,记录在协同攻击区边界内点的总个数 m;

(3)攻击区体积 V 可表示为

$$V = V_r \frac{m}{M} \tag{5.34}$$

通过上述流程可以计算航空集群协同攻击区的体积大小,进而在此基础上以协同攻击区体积作为优化目标实现对最优航空集群协同攻击区的求解。

5.3.4　基于 SATC - GWO 的航空集群空间构型寻优方法

在 5.3.1 节和 5.3.2 节中,提出了协同攻击区的求解方法,可以得到一般空间构型下的多机协同攻击区,然而却不能确定使协同攻击区域最大、抗毁伤能力最强的集群最优空间构型。由于协同攻击区的影响因素较多,寻优规律不明显,所以本节选择使用智能优化算法对航空集群空间构型进行寻优。

GWO 在寻优问题中得到了广泛应用,获得了较好的效果,可以将其应用到以协同攻击区空间大小为目标函数的多机空间构型寻优中。然而 GWO 在趋于最优解时,搜索速度将变慢,甚至会陷入局部最优。Tent 混沌序列具有随机性、遍历性、均匀性等优点,可将其运用到 GWO 中以提高种群的多样性,从而提高算法的精度和速度。

5.3.4.1　灰狼优化算法

GWO 由 Mirialili 等人于 2014 年提出,通过模拟灰狼群的社会等级制度和捕食策略,不断寻找最优值,实现寻优的目的。GWO 具有较强的全局搜索能力,并且参数设置少,原理简单。

灰狼群体内具有明确的等级制度,其等级关系呈现金字塔结构(见图

5.18)。金字塔第一层的狼称首领狼,表示为 α,负责领导狼群、组织狼群的捕猎等行为;第二层的狼称下属狼,表示为 β,协助首领狼做出决策;第三层的狼由侦察兵、哨兵和猎手等组成,表示为 δ,负责侦察、放哨和捕猎等事务;第四层的狼称为 ω,它们服从于其他三个高等级的狼,听从他们的指挥,在群体中的主要作用是平衡内部关系。

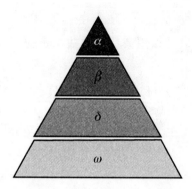

图 5.18 灰狼社会等级示意图

狼群捕食猎物的过程如下:首先,狼群对猎物进行追踪并逐渐接近猎物;其次,狼群对已接近的猎物形成包围;最后,猎物自由活动范围逐渐缩小,狼群对猎物发起攻击。下面对狼群接近并包围猎物的行为进行描述。

GWO 中,可以认为 α、β、δ 是离目标最近的三只灰狼,ω 在前三者的引导下,对猎物进行跟踪围捕。假设在 GWO 中,灰狼种群数量为 N,维度为 D,种群可表示为 $\boldsymbol{X} = [\begin{matrix} \boldsymbol{X}_1 & \boldsymbol{X}_2 & \cdots & \boldsymbol{X}_N \end{matrix}]$。其中,第 i 只灰狼个体的取值为 $\boldsymbol{X}_i = [\begin{matrix} \boldsymbol{X}_i^1 & \boldsymbol{X}_i^2 \end{matrix}$ $\cdots$ $\boldsymbol{X}_i^D]$,$\boldsymbol{X}_i^d$ 表示第 i 只灰狼个体在第 d 维度上的取值。

灰狼群体包围猎物的公式可表示为

$$\left.\begin{aligned} \boldsymbol{A} &= 2\boldsymbol{a}\boldsymbol{r}_2 - \boldsymbol{a} \\ \boldsymbol{C} &= 2\boldsymbol{r}_1 \\ D &= |\boldsymbol{C} \cdot \boldsymbol{X}_p(t) - \boldsymbol{X}(t)| \\ \boldsymbol{X}(t+1) &= \boldsymbol{X}_p(t) - \boldsymbol{A} \cdot \boldsymbol{D} \end{aligned}\right\} \tag{5.35}$$

式中:$\boldsymbol{X}_p(t)$ 为第 t 代猎物的位置;$\boldsymbol{X}(t)$ 为第 t 代灰狼个体的位置;$\boldsymbol{r}_1$、$\boldsymbol{r}_2$ 分别为 D 维随机向量,每个维度上的值都是[0,1]之间的随机数;$\boldsymbol{a}$ 为 D 维随机向量,每个维度上的值 a_d 为从 2~0 线性减小的数,即

$$a_d = 2 - t/t_{\max} \tag{5.36}$$

灰狼在捕食过程中,一般的个体 ω 会根据历史前三个最靠近猎物位置的灰狼 α、β、δ 的位置来判断猎物的方位,更新自己的位置。第 i 只灰狼根据式

(5.37)和式(5.38)进行位置的更新：

$$\left.\begin{aligned} \boldsymbol{X}_{i,\alpha}(t+1) &= \boldsymbol{X}_{\alpha}(t) - \boldsymbol{A}_1 \cdot \mid \boldsymbol{C}_1 \cdot \boldsymbol{X}_{\alpha}(t) - \boldsymbol{X}_i(t) \mid \\ \boldsymbol{X}_{i,\beta}(t+1) &= \boldsymbol{X}_{\beta}(t) - \boldsymbol{A}_2 \cdot \mid \boldsymbol{C}_2 \cdot \boldsymbol{X}_{\beta}(t) - \boldsymbol{X}_i(t) \mid \\ \boldsymbol{X}_{i,\delta}(t+1) &= \boldsymbol{X}_{\delta}(t) - \boldsymbol{A}_3 \cdot \mid \boldsymbol{C}_3 \cdot \boldsymbol{X}_{\delta}(t) - \boldsymbol{X}_i(t) \mid \end{aligned}\right\} \tag{5.37}$$

$$\boldsymbol{X}_i(t+1) = \sum_{j=\alpha,\beta,\delta} \frac{1}{3} \boldsymbol{X}_{i,j}(t+1) \tag{5.38}$$

每代更新结束后，计算每个个体的适应度值，重新选出并记录三个历史最优灰狼 α、β、δ，下一代会根据 α、β、δ 继续进行迭代，直到设定的迭代次数结束。从最后一代的结果中选择出最优的灰狼位置，作为最优解。

5.3.4.2　Tent 混沌序列

Tent 混沌序列具有良好的随机性和遍历性等特点，可以在限定的区域内遍历空间的所有状态，提高种群的多样性，获得全局的最优解。一方面，Tent 混沌序列可以用于种群初始化，以提高种群的多样性；另一方面，当灰狼优化算法陷入局部最优时，Tent 混沌序列可以动态调整搜索空间，帮助算法跳出局部最优。

Tent 混沌序列的映射可表示为

$$x_{t+1} = \begin{cases} 2x_t, & 0 \leqslant x_t \leqslant 0.5 \\ 2(1-x_t), & 0.5 \leqslant x_t \leqslant 1 \end{cases} \tag{5.39}$$

经过伯努力位移变换后为

$$x_{t+1} = (2x_t) \bmod 1 \tag{5.40}$$

产生 Tent 混沌序列的具体算法步骤如下：

(1)在(0,1)之间产生随机初始值 x_0 [x_0 不能为小周期(0.2,0.4,0.6,0.8)中的数]，并记录 $z_1 = x_0$，$i = j = 1$；

(2)根据式(5.40)进行迭代，产生 x_{i+1}，然后令 $i = i+1$；

(3)如果 $x_i = \{0, 0.25, 0.5, 0.75\}$，或者 $x_i = x_{(i-k)}$，$k = \{0, 1, 2, 3, 4\}$，令 $x_i = z_{j+1}$，其中 $z_{j+1} = z_j + \varepsilon$，$\varepsilon$ 为随机数，然后令 $j = j+1$，否则继续步骤(2)；

(4)如果达到了设定的迭代次数，则循环结束，输出 x 序列，否则继续步骤(2)。

5.3.4.3　自适应 Tent 混沌搜索方法

当 GWO 陷入局部最优时，利用自适应 Tent 混沌搜索方法，动态调整混沌搜索空间，可以帮助算法跳出局部最优。

首先对当前代次产生的个体进行处理，分别求出每个个体第 j 维的最大值 $X_{\max}^j$ 和最小值 $X_{\min}^j$，作为搜索空间的上、下界。以历史上得到的最优解为基础，产生 Tent 混沌序列，并记录新产生序列中的最优解，从而帮助算法跳出局部最优。

假设搜索到的局部最优解为 $\boldsymbol{X}_k=\begin{bmatrix} x_k^1 & x_k^2 & \cdots & x_k^D \end{bmatrix}, x_k^j\in[X_{\min}^j, X_{\max}^j], j=1,2,\cdots,D$，自适应 Tent 混沌搜索调整搜索空间的步骤如下：

(1)将局部最优解 $\boldsymbol{X}_k$ 做归一化处理得 $\boldsymbol{Z}_k$，其中初始值中第 j 维度上的值为

$$z_k^j(0)=\frac{x_k^j-X_{\min}^j}{X_{\max}^j-X_{\min}^j} \tag{5.41}$$

(2)将式(5.41)代入式(5.39)进行迭代，产生 Tent 混沌序列 $z_k^j(m)(m=1,2,\cdots,T_{\max})$，其中，$T_{\max}$ 是 Tent 混沌搜索最大迭代次数；

(3)利用下式将 $\boldsymbol{Z}_k$ 还原到原解空间邻域中，产生新解 $\boldsymbol{W}_k(m)$，其中

$$w_k^j(m)=x_k^j+\frac{X_{\max}^j-X_{\min}^j}{2}[2z_k^j(m)-1] \tag{5.42}$$

(4)计算新解 $\boldsymbol{W}_k(m)$ 的适应度函数值，并与原来的最佳适应度值比较，记录当前最优解；

(5)判断是否达到最大迭代次数 $T_{\max}$，若达到则终止搜索，否则转向步骤(2)。

5.3.4.4 SATC-GWO 在航空集群最优构型求解中的应用

上述对灰狼优化算法在寻优问题的应用上进行了详细的描述，可以将其应用到航空集群空间构型的寻优中。对于灰狼优化算法易陷入局部最优的问题，本章提出了利用 Tent 混沌序列的方法提高初始种群的多样性，并在算法陷入局部最优时，利用自适应 Tent 混沌搜索方法，动态调整混沌搜索空间，帮助算法跳出局部最优，从而提出了 SATC-GWO 算法，利用该算法对航空集群空间构型进行寻优的具体算法步骤如下。

(1)确定集群中飞机的总数量 n；根据航空集群空间构型设计原则，确定集群中无人机数量 u 为 $1\leqslant u\leqslant n-1$；初始化无人机数量 $u=1$；初始化 $F[X(0)]\rightarrow\infty$；设置灰狼初始种群规模为 N，最大迭代次数为 $M_{\max}$，搜索空间维度为 D，即多机构型中飞机之间的方位、距离等；初始化 r_1、r_2、a；确定被限定的最优解停留次数 $\text{Trial}_{\max}$ 和混沌最大迭代次数 $T_{\max}$。

(2)令 GWO 初始迭代次数 $M=1$，利用 Tent 混沌序列，在搜索区域内对狼群进行初始化，生成 N 个 D 维向量 $\boldsymbol{X}_i(1)(i=1,2,\cdots,N)$，其具体步骤如下：

1)在 $(0,1)$ 之间随机产生 N 个 D 维向量 $\boldsymbol{Z}_i^D(1)(i=1,2,\cdots,N)$；

2)根据 Tent 混沌序列生成方法，可得 N 个相应的混沌序列 $\boldsymbol{Z}_i^D(1)$；

3)设灰狼种群每个维度上的最小值为 $X_{\min}^j$，最大值为 $X_{\max}^j$，利用式(5.42)将 $\boldsymbol{Z}_i^D(1)$ 中的各个分量还原到对应变量的值域中得

$$x_i^j(1) = X_{\min}^j + (X_{\max}^j - X_{\min}^j)z_i^j(1) \tag{5.43}$$

式中：$i=1,2,\cdots,N;j=1,2,\cdots,D$。

（3）根据协同攻击区边界搜索方法，得到协同攻击区边界，进而利用蒙特卡洛法计算协同攻击区域体积 V_{swarm}；对于由 k 架机构成的集群，在某一时刻 t，设航空集群各飞机位置分别为 $x_1,y_1,z_1;\cdots;x_k,y_k,z_k$，可定义目标函数为

$$F(x_1,y_1,z_1,\cdots,x_k,y_k,z_k) = 1/V_{\text{swarm}} \tag{5.44}$$

该优化问题可以表示为

$$\min F(x_1,y_1,z_1,\cdots,x_k,y_k,z_k) = 1/V_{\text{swarm}}$$

$$\text{受约束于}\begin{cases} \varphi_{\min} \leqslant \varphi_U \leqslant \varphi_{\max} \\ \theta_{\min} \leqslant \theta_U \leqslant \theta_{\max} \\ d_{\min} \leqslant d_U \leqslant d_{\max} \end{cases} \tag{5.45}$$

式中：φ_U、θ_U、d_U 分别为无人机的位置相对于某一制导有人机的方位角、俯仰角和距离，$[\varphi_{\min},\varphi_{\max}]$ $[\theta_{\min},\theta_{\max}]$ 和 $[d_{\min},d_{\max}]$ 分别为有人机雷达在方位角、俯仰角和距离上的探测范围。该约束条件主要考虑无人机仅有载弹能力而不具备制导能力，因此在对飞机进行部署时，需要将无人机放置在有人机的制导范围内。当函数 $F(x_1,y_1,z_1,\cdots,x_k,y_k,z_k)$ 最小时，协同攻击区域 V_{swarm} 最大。

计算第 M 代种群中每个个体 $\boldsymbol{X}_i(M)$ 的适应度函数值 $F[\boldsymbol{X}_i(M)]$。根据适应度值确定历史最优的前三个解 $\boldsymbol{X}_\alpha$、$\boldsymbol{X}_\beta$、$\boldsymbol{X}_\delta$；初始化标志量 Trial＝0，记录灰狼停留于同一最优解的次数。

（4）更新迭代次数 $M=M+1$，并更新 $\boldsymbol{r}_1$、$\boldsymbol{r}_2$、$\boldsymbol{a}$，根据步骤（3）中所得 $\boldsymbol{X}_\alpha$、$\boldsymbol{X}_\beta$、$\boldsymbol{X}_\delta$ 和式（5.37）、式（5.38）对第 $M+1$ 代的灰狼位置进行更新；重新计算新解对应的协同攻击区，从而计算新的适应度值 $F[\boldsymbol{X}_i(M+1)]$。

（5）更新历史最优解 $\boldsymbol{X}_\alpha$、$\boldsymbol{X}_\beta$、$\boldsymbol{X}_\delta$，若历史最优解 $\boldsymbol{X}_\alpha$ 没变，令 Trial＝Trial＋1；否则，令 Trial＝0。

（6）如果 Trial 达到最大限度，即 Trial＝Trial$_{\max}$，也就是算法陷入局部最优时，根据 5.3.4.3 节中自适应 Tent 混沌搜索方法产生新的最优解代替当前历史最优解。

（7）若迭代次数未到达 $M_{\max}$，则返回步骤（4）；若到达，则记录历史最优解 $\boldsymbol{X}_\alpha$ 为 $\boldsymbol{X}_\alpha(u)$，若 $F[\boldsymbol{X}_\alpha(u)] \leqslant F[\boldsymbol{X}_\alpha(u-1)]$，令 $\boldsymbol{X}_\alpha(u)=\boldsymbol{X}_\alpha(u)$；否则，令 $\boldsymbol{X}_\alpha(u)=\boldsymbol{X}_\alpha(u-1)$。

（8）令 $u=u+1$，若 $u\leqslant n-1$，返回步骤（2）；否则，输出最优解 $\boldsymbol{X}_\alpha(u)$。

SATC-GWO 求解航空集群最优空间构型的流程如图 5.19 所示。

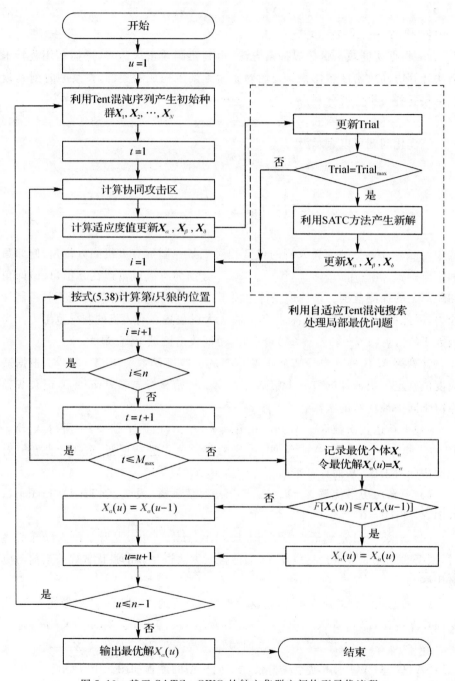

图 5.19 基于 SATC - GWO 的航空集群空间构型寻优流程

5.3.5　仿真分析

为验证 5.3 节所提攻击区求解方法和空间构型寻优方法的有效性,现对航空集群攻击区和最优空间构型进行仿真验证。

假设目标运动速度为 300 m/s,且航向和飞行高度不变;有人机和无人机飞行速度均为 400 m/s,飞行高度为 10 km,有制导能力的有人机作为长机,无制导能力的无人机作为僚机;机载雷达的有效截获角度范围为 ±45°,最远截获距离为 150 km;导弹初始速度为 400 m/s,发动机可提供推力的时间为 10 s,可控飞行时间为 70 s。

实验环境:仿真基于 Matlab R2014a 平台,物理平台为 Lenovo 台式机,CPU 主频 2.6 GHz,4 G 内存,Windows 7 系统。

5.3.5.1　航空集群协同攻击区仿真

为得到多机协同攻击区,以及不同的空间构型(如距离、方位关系的变化)对攻击区的影响,现对由一架有人机和一架无人机组成的双机协同攻击区进行仿真分析。

为便于研究,假设有人机作为长机部署在双机构型的后方,航向为 0°;无人机作为僚机部署在有人机正前方,航向为 0°;目标在双机前方,航向为 180°,与双机编队呈迎头态势。现对双机编队中僚机相对于长机的方位角确定时,双机不同距离下的攻击区进行仿真,仿真结果如图 5.20~图 5.22 所示。

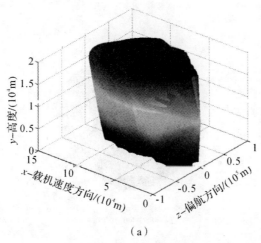

(a)

图 5.20　双机距离 50 km 协同攻击区仿真图

(a)双机协同攻击区域三维视图

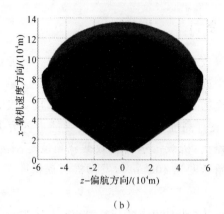

（b）

续图 5.20 双机距离 50 km 协同攻击区仿真图

（b）双机协同攻击区域俯视图

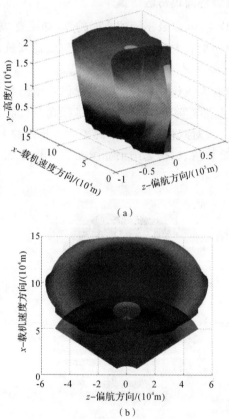

（a）

（b）

图 5.21 双机距离 70 km 协同攻击区仿真图

（a）双机协同攻击区域三维视图；（b）双机协同攻击区域俯视图

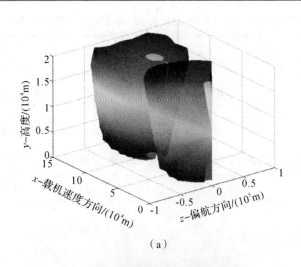

（a）

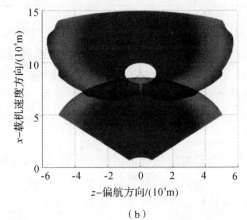

（b）

图 5.22　双机距离 90 km 协同攻击区仿真图

（a）双机协同攻击区域三维视图；（b）双机协同攻击区域俯视图

在得到双机编队攻击区后，以长机为中心，对目标高度为 10 km 时不同方位角下的最远攻击距离进行统计，结果见表 5.3～表 5.5。

表 5.3　双机距离 50 km 目标高 10 km 最远攻击距离统计表

方位角/(°)	−45	−40	−30	−20	−10	0	10	20	30	40	45
最远攻击距离 km	62.7	66	93.1	113.4	124.8	129.2	124.8	113.4	93.1	66	62.7

表 5.4 双机距离 70 km 目标高 10 km 最远攻击距离统计表

方位角/(°)	−45	−40	−30	−20	−10	0	10	20	30	40	45
最远攻击距离 / km	62.7	65.7	73.9	125.1	143.9	149.2	143.9	125.1	73.9	65.7	62.7

表 5.5 双机距离 90 km 目标高 10 km 最远攻击距离统计表

方位角/(°)	−45	−40	−30	−20	−10	0	10	20	30	40	45
最远攻击距离 / km	62.7	65.8	71.4	133.2	150	150	150	133.2	71.4	65.8	62.7

通过对仿真结果及所得数据分析可以得到:随着双机编队距离的变大,由图5.20(b)~图5.22(b)可以直观地发现,协同攻击区的范围逐渐变大;然而由于无人机没有探测能力,受有人机最大雷达探测距离的影响,攻击区的最远攻击距离小于最大雷达探测距离。由表5.3~表5.5可以发现,方位角绝对值较小时,随着双机距离的增大,最远攻击距离增大,但受雷达探测距离的限制,最远攻击距离不超过150 km。

为研究长、僚机相对距离对协同攻击区域大小的影响,在僚机相对于长机方位角不变的情况下,对不同距离下的双机协同攻击区进行仿真。在求得协同攻击区后,用蒙特卡洛法计算协同攻击区空间大小,结果如图5.23所示。

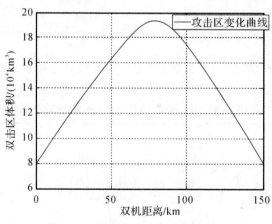

图 5.23 攻击区随双机距离变化图

由图 5.23 可以发现,在僚机相对于长机的方位角为 0°时,随着双机距离的增大,双机协同攻击区域先变大后变小,在双机距离为 79 km 时,双机协同攻击区域达到最大的 19.3×10^4 km^3。双机距离较近时,攻击区域重叠,只能够增强攻击区内的火力密度,而不能达到拓展攻击区域的目的,因此协同攻击区域较小;双机距离较远时,由于无人机没有雷达探测能力,不能够发现目标,限制了导弹攻击效能的发挥,所以协同攻击区域也较小。

以上仿真结果表明,在载机数量和组合类型一定,且双机方位角或者距离确定的情况下,通过遍历的方法,可以得到使协同攻击区域最大的双机空间构型。然而在航空集群中,载机的种类和数量往往因作战任务不同而发生变化,载机与载机的方位、距离等条件往往也不一而同,这就需要利用智能优化算法来确定不同的载机种类组合下的航空集群最优空间构型,从而使航空集群攻击区最大。

为得到在固定飞机数量的情况下,最佳的有人机和无人机组合,以及在该组合下的最优多机空间构型,现对多机空间构型寻优进行实验仿真。假设目标运动速度为 300 m/s,航向为 180°,且航向和飞行高度不变;载机飞行速度为 400 m/s,飞行高度为 10 km,初始航向为 0°;机载雷达的有效截获角度范围为 ±45°,最远截获距离为 150 km;导弹初始速度为 400 m/s,发动机可提供推力的时间为 10 s,可控飞行时间为 70 s。

5.3.5.2　双机协同攻击区寻优

由航空集群构型设计原则可知,双机构型由一架有人机和一架无人机组成。设有人机为长机,无人机为僚机。设灰狼初始种群规模为 $N=50$,最大迭代次数为 $M_{max}=150$,搜索空间维度为 $D=2$,即僚机位于长机的方位和距离,最优解停留最大次数 $Trial_{max}=5$,混沌最大迭代次数 $T_{max}=30$,以协同攻击区域大小的倒数作为适应度值。将蜂群算法(ABC)、粒子群算法(PSO)、GWO 和 SATC-GWO 分别对双机最优空间构型进行 50 次寻优试验仿真,前 3 种算法的初始种群规模和最大迭代次数与 SATC-GWO 中的相同。剔除掉算法中陷入局部最优的情况,4 种优化算法的平均进化曲线如图 5.24 所示。

图 5.24 表明,SATC-GWO 经过迭代 30 次后,基本可以得到最优解。在以上仿真条件和适应度值确定的情况下,在收敛速度和精度上,GWO 虽然优于 ABC 和 PSO,但与 SATC-GWO 相比,GWO 收敛速度慢,且在 50 次试验中,共出现 4 次陷入局部最优,即收敛于较大值的情况,从而影响了 GWO 的性能。而在 50 次试验中 SATC-GWO 均未出现陷入局部最优的情况,可见本节的改进较为理想。通过比较可以发现,SATC-GWO 收敛速度较快,且明显降低了传统的灰狼算法易陷入局部最优的问题。图 5.25 所示为双机最优空间构型下的双机协同攻击区仿真图。

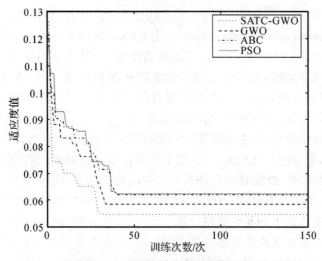

图 5.24　双机协同攻击区寻优过程

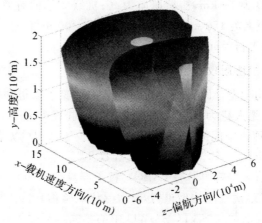

图 5.25　双机最优协同攻击区

　　在双机最优空间构型中,有人机在后,无人机在有人机正前方 79 km,双机协同攻击区达到 19.3×10^4 km³。有制导能力的单架有人机的攻击区域为 7.9×10^4 km³,在有人机与无人机的相互协同下,协同攻击区域大于单架有人机攻击区域的两倍。可见双机协同攻击区的攻击效果要优于两架单机攻击区的简单叠加。

　　这种构型适应于敌方来袭方向明确的场景,敌来袭方向的火力纵深得以变大,火力密度得以增强。该构型的优势在于:无人机相对于有人机价值较低,毁伤代价较小,可以部署在构型前方;有人机在后方既能为无人机提供制导,也能为无人机提供火力掩护,还能保证自身的相对安全。

5.3.5.3　三机协同攻击区寻优

假设有人机为长机,其他两架飞机为僚机。设搜索空间维度为 $D=4$,即两架僚机分别相对于长机的方位、距离、算法参数和仿真平台与双机空间构型寻优相同。仿真结果显示,在最优构型中,三机组合为一架有人机、两架无人机。具体仿真结果如图 5.26 和图 5.27 所示。

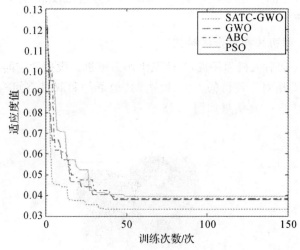

图 5.26　三机协同攻击区寻优过程

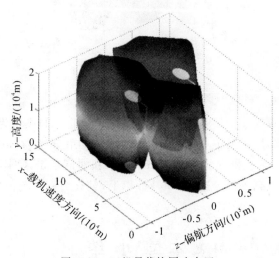

图 5.27　三机最优协同攻击区

由图 5.26 可得,在 SATC-GWO 中,当迭代次数为 35 次时,基本可以得到最优解。相较于其他 3 种寻优方法,在收敛速度上,SATC-GWO 的收敛速度最快;在寻优精度上,SATC-GWO 的适应度值最小,寻优精度最高。由图 5.27 可以看到,在最优解中,一架无人机位于有人机的方位为 31°,距离为 85 km,另一架无人机位于有人机的方位 30.5°,距离为 85 km,三机协同攻击区域大小为 29×10^4 km³,大于单机攻击区的三倍。三机空间最优构型如图 5.27 所示,该构型呈倒三角形状,两架无人机分别部署在有人机前方两侧,有人机部署在后方。在敌来袭方向上,无人机作为第一梯队对敌方进行攻击,有人机在后方进行制导并提供掩护。

5.3.5.4 四机协同攻击区寻优

假设其中一架有人机为长机,其他飞机作为僚机。设搜索空间维度为 $D=6$,即三架僚机分别相对于长机的方位、距离、其他条件和双机空间构型寻优相同。最优构型下攻击区仿真结果如图 5.28 所示。

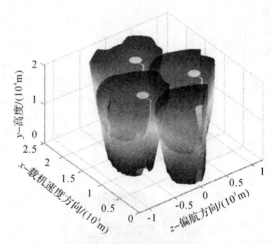

图 5.28 四机最优协同攻击区

图 5.28 所示空间构型基本上为菱形,构型最前方的飞机为无人机,其他飞机为有人机。侧翼两架僚机相对于长机的方位角分别为 30°、-30°,距离为 98 km,无人机位于长机正前方 168 km。由四机协同攻击区图可以看到,在四机最优构型下,火力纵深已经达到 200 km 以上,且火力密度与前两者最优构型相比变得更大。

本 章 小 结

本章主要研究航空集群协同反隐身构型、航空集群协同无源定位、航空集群协同空战攻击、UAV 集群协同欺骗地面组合雷达探测基本方法,针对这些航空集群典型任务提出能力涌现与构型、协同方法/策略的关系。本章所做工作是实现航空集群能力涌现的重要技术基础。

参 考 文 献

[1]　LIANG X L, SUN Q, YIN Z H. A study of aviation swarm convoy and transportation mission[C]. Harbin: Advances in Swarm Intelligence, 2013:368 – 375.

[2]　梁晓龙,李浩,孙强,等. 空中作战发展特征及对策[J]. 空军工程大学学报(军事科学版), 2014, 14(3):4 – 7.

[3]　宫健,王春阳,李为民,等. 新型临近空间收发分置反隐身方式探讨[J]. 无线电工程, 2008, 38(10):62 – 64.

[4]　YOUSSEE A. Radar cross section of complex targets[J]. Proceedings of the IEEE, 1989,77(5):722 – 731.

[5]　万开方,高晓光,李波,等. 基于部分可观察马尔可夫决策过程的多被动传感器组网协同反隐身探测任务规划[J].兵工学报,2015, 36(4):731 – 743.

[6]　凌晓曙.雷达隐身和反隐身技术[J].舰船电子对抗,2007,30(3):40 – 42.

[7]　沈阳,陈永光,李修和,等.多基地雷达反隐身分布式检测融合算法研究[J].电子学报,2007,35(3):506 – 510.

[8]　李伟,柯涛.雷达组网反隐身可行性仿真分析[J].舰船电子对抗,2010(5):83 – 87.

[9]　陈永光,李修和,沈阳.组网雷达作战能力分析与评估[M].北京:国防工业出版社,2006:206 – 207.

[10]　张佳强,梁晓龙,尹忠海,等.航空集群协同反隐身构型与机动策略[J].系统工程与电子技术,2016,38(11):2518 – 2522.

[11]　黄沛霖,姬金祖,武哲.飞行器目标的双站散射特性研究[J]. 西安电子科技大学学报(自然科学版), 2008,35(1):140 – 143.

[12]　张小宽,刘尚钞,张晨新,等.隐身目标的双基地雷达探测技术[J].系统工程与电子技术,2008,30(3):444 – 446.

[13]　HO K C. Bias reduction for an explicit solution of source localization using TDOA[J]. IEEE Trans on Signal Processing, 2012, 60(5): 2101 – 2114.

[14]　胡利平,梁晓龙,张佳强,等.三机协同无源时差定位最优编队构型分析

[J]. 火力与指挥控制,2017,42(9):49-54.

[15] HEWSON R. Air to air domination[J]. Jane's Defense Weekly,2011, 48(10):24-29.

[16] BUTLER A. Homing in-though next-gen weapons are on the horizon, USAF sorts through latest amraam problems[J]. Aviation Week & Space Technology,2011,173(9):45-46.

[17] ESHEL D. Still tracking[J]. Aviation Week & Space Technology, 2012,174(25):46-47.

[18] 王永诚,张令坤. 多站时差定位技术研究[J]. 现代雷达,2003,25(2):1-4.

[19] YU H G, HUANG G M, GAO J, et al. Practical constrained least-square algorithm for moving source location using TDOA and FDOA measurements [J]. BIAI Systems Engineering and Electronics,2012,23 (4):488-494.

[20] 俞志强. 四站时差定位精度分析[J]. 空军雷达学院学报,2010,24(6): 400-402.

[21] 王瀚. 机载多平台时差无源定位系统若干关键技术研究[D]. 长沙:国防科学技术大学,2006.

[22] HARA S, ANZAI D, YABU T, et al. Analysis on TOA and TDOA location estimation performances in a cellular system[C]. Kyoto: 2011 IEEE International Conference on Communication,2011:1-5.

[23] NIKUSOKHAN M, NOBAHARI H. Closed-form optimal cooperative guidance law against random step maneuver[J]. IEEE Transactions on Aerospace & Electronic Systems, 2016, 52(1):319-336.

[24] MÉNEC S L. Cooperative mid course guidance law based on attainability constrains[C]. Kyoto: 2009 European Control Conference(ECC), 2015: 127-131.

[25] GARCIA E, CASBEER D W, FUCHS Z E, et al. Cooperative missile guidance for active defense of air vehicles[J]. IEEE Transactions on Aerospace & Electronic Systems, 2018, 54(2):706-721.

[26] SHAFERMAN V, SHIMA T. Cooperative differential games guidance laws for imposing a relative intercept angle[J]. Journal of Guidance Control & Dynamics, 2017, 40(1):1-16.

[27] 刁兴华,方洋旺,伍友利,等. 双机编队空空导弹协同发射区模拟仿真分析[J]. 北京航空航天大学学报, 2014, 40(3):370-376

[28] 匡芳君，金忠，徐蔚鸿，等. tent 混沌人工蜂群与粒子群混合算法[J].
控制与决策，2015，30(5):839 - 846.

[29] ALATAS B，AKIN E，OZER A B. Chaos embedded particle swarm
optimization algorithms[J]. Chaos，Solitons & Fractals，2009，40(4):
1715 - 1734.

[30] SEYEDALI M，SEYED M M，ANDREW L. Grey wolf optimizer[J].
Advances in Engineering Software，2014，69(3):46 - 61.

第6章 基于 ECA 规则的构型控制方法

航空集群空间构型的演变是航空集群系统重构的基本形式之一,根本作用是为传感器、武器使用提供最佳的空间位置,而武器的使用又反过来导致航空集群物理结构的改变。其具体含义为:在决策规则库、战术规则库、交感规则库及控制规则库的支撑下,遂行作战任务的航空集群编队依据任务和战场态势的需求自适应地进行空间拓扑结构的调整。本章利用 ECA 规则对航空集群遂行作战任务时空间构型的演变过程进行描述:首先,对 ECA 规则进行简介;其次,用 ECA 规则对航空集群空间构型演变进行建模;最后,在航空集群典型作战能力的空间构型构建的基础上,以航空集群协同无源定位空间构型演变为例进行验证。

6.1 ECA 规则

ECA(Event Condition Action,ECA)规则是一种将事件触发规则和面向对象、事件驱动的环境结合起来的方法[1]。一条完整的简单 ECA 规则可以表述如下[2]:

On <Event>

If <Condition>

Do <Action>

其含义为:当事件(Event)发生时,如果满足条件(Condition),则执行相应的动作(Action)。其中,事件表示规则在什么时候可以执行,条件表示在执行一定动作之前必须要满足的前提,而动作则表示对事件响应所采取的行为。

为了增加 ECA 规则模型的适用性,文献[3]对 ECA 规则模型进行了扩展,使其能够表示更多的结构。其中有 EA 模型,只有事件和动作。当事件<Event>发生,则执行动作<Action>,EA 规则可以表述如下:

On   <Event>

Then   <Action>

其中还有 ECAA 模型,当事件<Event>发生,如果条件<Condition>为真,则执行动作 1<Action1>,否则执行动作 2<Action2>,该规则可以表述如下:

On   <Event>

If   <Condition>

Then   <Action1>

Else   <Action2>

最后还有一种更为复杂的规则模型,该模型中的事件、条件和动作均复杂化了,由单一扩展为一系列的集合,具体表述如下:

On $\langle$Event1ΘEvent2$\Theta\cdots\Theta$Event $i\rangle$,$\Theta\in\{\wedge,\vee\}$,$i\geqslant1$

If $\langle$Condition1ΘCondition2$\Theta\cdots\Theta$Condition $i\rangle$,$\Theta\in\{\wedge,\vee\}$,$i\geqslant1$

Then $\langle$Action1$\wedge$Action2$\wedge\cdots\wedge$Action $i\rangle$,$i\geqslant1$

其中 $\wedge$、$\vee$ 为逻辑运算符号,分别表示事件与运算和事件或运算。例如事件 $e_1\wedge e_2$ 表示当 e_1 和 e_2 同时发生时,复合事件才发生;$e_1\vee e_2$ 表示 e_1 和 e_2 只要有一个发生,复合事件就发生。

ECA 规则具有很强的语义表达能力,可扩展性强,表述了触发活动的事件和内部条件,可以用来描述系统信息流活动间的执行依赖关系以及整个系统的状态转换过程[4-7]。而航空集群作战具有事件驱动性、自主性,其空间构型的演变过程也可以视为一个动态的信息流过程。航空集群内部个体在交感网的支撑下,以事件为触发机制,自主地进行状态的转变,从而实现整个子群的状态演变。同时,在航空集群空间构型演变的过程中,状态的改变总是伴随着事件的发生,特定的事件触发特定的动作,而状态改变结束又会引发新的事件,因此可以用 ECA 规则来描述航空集群空间构型的演变过程[8]。

6.2   ECA 规则库的提取与演进

ECA 规则库是基于航空集群作战需求和特点而建立的形式化的集群及平台作战规则集合,它明确地描述了任务空间相关要素与系统状态转移之间的关联关系,使一些定性的原则具体化为定量的规则。

航空集群构型控制与演化过程即在交感网络的支撑下,以事件为触发机制,智能、自主地在不同构型之间进行状态转移,而状态的改变总是伴随着事件的发生,特定的事件触发特定的决策/行动规则,进而实现整个集群构型的演化与重构。

ECA 规则是一种将事件触发和规则驱动集合的方法,具有强大的语义表达能力,可以用来描述航空集群构型演化机制。ECA 规则库的建立来源于两方面的数据:①专家知识库数据(经验数据/主观数据),即领域专家的经验数据,主要指根据军事专家与情报得到的关于敌、友、我军作战条例、战斗部署与作战风格等方面的数据;②战场的一级融合数据(态势感知数据/客观数据),即根据战场事件(包括战史、演习、仿真、兵棋推演等)获取的数据。从现有文献来看,有多种方法均可用于从数据中提取规则和知识,包括决策树、概念格理论、贝叶斯网络、神经网络和支持向量机等。这些方法各有优劣,需要在实现层面综合考虑,选择合适的算法或者综合多种算法分阶段进行。由于用于提取规则的数据的复杂性和不确定性,提取的规则可能会表现出同一结果对应多种不同甚至冲突的属性,需要通过多属性决策来确定和区分属性的效用以便获得较合适的决策规则。

在航空集群作战中,战场态势数据来源多样、格式不统一,这些数据通常不够完整并且非常"嘈杂",具有非结构性和高度动态性,对这些动态、模糊且非结构化的数据进行处理比较困难,是实现航空集群自主、智能决策所面临的挑战[9-10]。通过在决策系统中引入 ECA 规则,其简洁、高效的特征使得决策输出结果具有很高的实时性和确定性,能够满足高动态战场环境的要求[11]。战场态势数据的非结构性和模糊性主要影响战场态势事件提取和触发条件的确定[12-14]。采用如图 6.1 所示的基于离线学习和在线使用相结合的迭代学习策略,使得系统具备学习与进化的能力。根据学习的特点和目的,将 ECA 规则的提取和学习过程分为事件条件值/区间学习、事件属性学习及规则学习三层进行,分别采用不同的学习算法进行。针对事件条件值/区间的不确定性和模糊性,将模糊集合理论与决策树算法融合,多属性模糊决策树能够处理属性和分类模糊性强或者有噪声的数据集,并且可以和多条规则匹配,具有较强的规则表达能力。神经网络被广泛用于复杂多属性模糊数据分类,适合解决基于多源异构数据的分类问题,通过大量训练数据抓取更有用的属性,可以真实地反映数据的丰富内部信息。

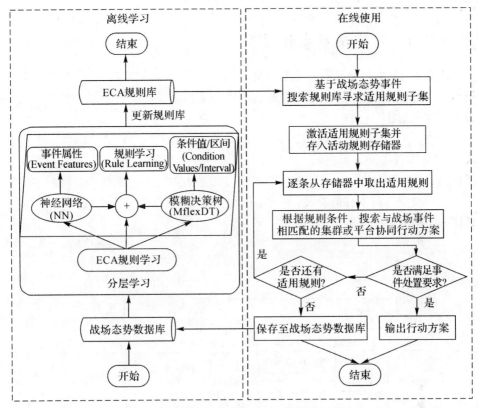

图 6.1   离线学习-在线使用的迭代学习策略

6.3   基于状态图的航空集群 ECA 模型

在未来集群作战中,航空集群空间构型的演变过程可以视为一个动态的工作流过程,其事件的属性主要体现在时间和空间上。在整个航空集群构型演变的过程中,无法确定某些活动之间的逻辑关系,其逻辑关系只能依据作战时序的推进及战场态势信息来逐步完善。虽然,ECA 建模在一定程度上解决了航空集群空间构型演变时无法确定某些关键性节点的问题,避免了把所有可能情形都加入模型,使得整个模型简单,简化了建模工作。但是,它难以图形化,不易理解[15]。为此,引入状态图(Statecharts)。状态图是由 D. Harel 于 1987 年提出的,旨在使用图形化的表示方式将复杂反应系统中存在的各个离散状态进行表示,并且展示出这些状态之间的关系[16]。本节结合描述航空集群空间构型演变的实际需求,将 ECA 规则和状态图相结合,通过情景分析方法[17]建立基于状态图的航空集群 ECA 模型。

6.3.1　航空集群事件模型

定义 6.1　事件是对航空集群所感知到的信息的一种抽象。这些信息主要指与航空集群相关的、会对其产生影响的或需要做出反应的信息。事件可定义为一个三元组：

$$Event = \Gamma\{T, L, \Sigma\} \tag{6.1}$$

式中：Γ 是事件类型标识符；T、L、Σ 分别代表事件发生的时间、地点及它的相关属性。

关于航空集群事件的分类，主要是依据空间、时间、对象和响应机制等进行，具体分类情况如图 6.2 所示。

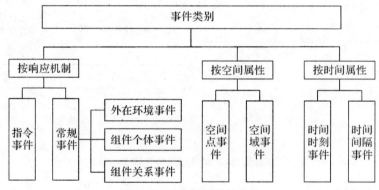

图 6.2　航空集群事件分类

6.3.1.1　响应机制

根据事件响应机制的不同，将航空集群事件分为指令事件和常规事件。其中指令事件是指上级指挥中心发出的决策指挥命令，它具有最高优先权，可以直接触发一个航空集群状态变迁；常规事件指除指令事件以外的，主要依据时间、空间及属性变化而引起的事件，通常包括事件产生的时间和地点、连续/离散变量的属性、事件类型、事件发生对象及事件的观察者等，在描述航空集群空间构型演变时，常规事件还需考虑多个事件的融合及事件的同步机制。

对于常规事件，又可以根据事件所关注的对象，将事件分为环境事件、个体事件和关系事件。环境事件描述航空集群系统环境属性变量的相关变化情况，也可以描述环境中某特殊要素或组成部分的变化情况，例如航空集群飞行器在飞行过程中需要绕开障碍物或者禁飞区事件就是一个环境事件；个体事件描述航空集群系统单个组件属性变量的相关变化情况,包括组件个体的位置、速度等属性的变化,例如在航空集群编队飞行时,某一架飞机未能按照预定的航路飞行,就会产生飞行器偏航事件,该事件需要用个体事件来描述;关系事件描述航空集群系统多个组件个体属性之间关系的变化情况,例如编队飞行时,两架航空器之间的飞行间距过近,造成危险接近,就需要用关系事件描述。

6.3.1.2　空间属性

事件的空间属性与事件发生的地点有关,根据事件发生的地点是在一个空间点上还是在空域内,事件分为点事件和域事件。其中,点事件指事件发生地点是空间坐标上的一个点 (x,y,z),这个点可以是某个物理静止的物体,也可以指一个事件的预计发生地点的一个点;域事件指一个事件的发生地点在拓扑空间上是某片区域。如图 6.3 所示,事件:飞机在固定地标点 A 处偏航了,为点事件;事件:飞机航线 A 至 B 区间偏航了,为域事件。

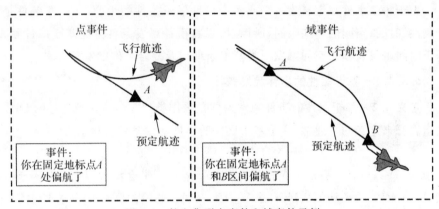

图 6.3　航空集群点事件和域事件示例

6.3.1.3　时间属性

根据事件发生的时间是在一个时间点上还是在一个时间段内,事件可以分为时刻事件和间隔事件。其中,时刻事件指事件发生的时间是一个事件点,它表示实体在一个特定的时间点发生的任何时空特征和属性的变化;间隔事件是指一个事件的发生时间是一段时间间隔,它表示实体在某一时间间隔内,其属性或者空间特性保持不变或者发生改变。如图 6.4 所示,事件:飞机在 9 点时偏离预定航线,为时刻事件;事件:飞机在 8:40-9:00 之间偏离预定航线飞行,为间隔事件。

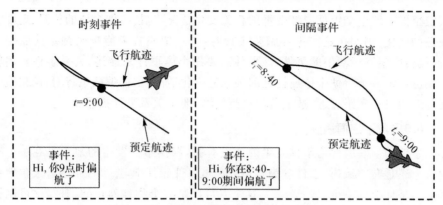

图 6.4　航空集群的时刻事件和间隔事件示例

6.3.2　航空集群事件条件

由于每个事件被定义为一个或多个事件触发条件的组合,而这些条件是关于属性、时间、空间的一些限制,所以,可以将事件触发条件分为基于属性触发、基于时间触发及基于空间触发三类基本条件以及复合事件触发条件。

6.3.2.1　基于属性的事件触发条件

定义 6.2　基于属性的事件触发条件是采用类似">,=,<"这样的 OP_R 关系运算符来定义的。通常,一个基于属性的事件触发条件被表示为

$$g_v[V_1, V_2, \cdots, V_n] \quad OP_R \quad C \tag{6.2}$$

式中: $V_1, V_2, \cdots, V_n$ 是 n 个属性量化值; g_v 是一个集合函数,例如 Average(求 $V_1, V_2, \cdots, V_n$ 的平均值)、Max(求 $V_1, V_2, \cdots, V_n$ 的最大值)、Add(求 $V_1, V_2, \cdots, V_n$ 的和)等; OP_R 是进行大小比较的关系运算符; C 是一个常数。例如,在航空集群编队飞行中,如果子群中某架集群飞行器的油量低于最低油量 C 时,则需要进行空中加油,事件"空中加油"的触发条件可以表示为

$$\min[C_1, C_2, \cdots, C_n] < C \tag{6.3}$$

式中: $C_i(i=1,2,\cdots,n)$ 分别为 n 架集群飞行器的油量。

6.3.2.2　基于时间的事件触发条件

定义 6.3　基于时间的事件触发条件是采用类似"在……之前、在……之后、在……期间、在……(时刻)开始、在……(时刻)之后"这样的 OP_T 关系运算符来定义的。通常,一个基于时间的事件触发条件被表示为

$$g_t[t_1, t_2, \cdots, t_n] \quad OP_T \quad C_t \tag{6.4}$$

式中：t_1，t_2，$\cdots$，t_n 是 n 个实体的（可能）发生时间；g_t 是一个集合函数；OP_T 是进行时间比较的关系运算符；C_t 是一个时间常数，代表一个时刻或者一个时间间隔。例如，在航空集群以一定编队飞行中，某 SAV(Swarm Aircraft Vehicle)"超速、超低和偏航飞行时间均超过 1 min"这个基于时间的事件，相应触发条件可以被表示为

$$\min[t_1, t_2, t_3] > 1 \tag{6.5}$$

式中：t_1、t_2、t_3 分别表示 SAV 的超速、超低和偏航飞行时间，时间常量 $C_t = 1$。

6.3.2.3　基于空间的事件触发条件

定义 6.4　基于空间的事件触发条件是采用类似"在……里面、在……外面"这样的 OP_L 关系运算符来定义的。通常，一个基于空间的事件触发条件被表示为

$$g_t[l_1, l_2, \cdots, l_n] \quad OP_L \quad C_l \tag{6.6}$$

式中：l_1，l_2，$\cdots$，l_n 是 n 个实体的（可能）发生地点；g_t 是一个集合函数；OP_L 是进行空间比较的关系运算符；C_l 是一个空间常数，代表一个空间节点或者一个空间区域。例如，"事件 x 必须在发生于事件 y 发生的范围之内"这个基于空间的事件触发条件可以被表示为

$$l_{Ex}^0 \quad Inside \quad l_{Ey}^0 \tag{6.7}$$

6.3.2.4　复合的事件触发条件

定义 6.5　复合的事件触发条件是使用类似于"AND、OR、NOT"这样的 OP_Q 逻辑运算符来定义的。这样的一个复合的事件触发条件可以被表示为

$$\{\varepsilon_{id}, (g_v^1 OP_Q g_v^2 \cdots OP_Q g_v^i) OP_Q (g_t^1 OP_Q g_t^2 \cdots OP_Q g_t^j) OP_Q (g_l^1 OP_Q g_l^2 \cdots OP_Q g_l^k)\} \tag{6.8}$$

式中：ε_{id} 是事件标识符；g_v^i、g_t^j、g_l^k 分别为基于属性的、基于时间的和基于空间的事件触发条件；OP_Q 是逻辑运算符。

6.3.3　航空集群事件实例

定义 6.6　航空集群事件实例是当触发规则的事件发生，并且事件条件得到满足时而引发的事件实例。通常一个事件实例包括事件类型、事件内部属性及事件外部属性，可表示为

$$E_{cps} = \Gamma \underbrace{(T^g, L^g, \Sigma)}_{\text{Internal}} @ \underbrace{(T, L, Q)}_{\text{External}} \tag{6.9}$$

式中:Γ 表示事件实例的类型;(T^g,L^g,Σ) 为内部属性,T^g、L^g 分别为观察者产生事件实例的时间和地点,Σ 表示事件实例的属性集;(T,L,Q) 为外部属性,T、L 分别表示事件被观察者检测到的时间和地点,它们有可能与时间实例被产生的时间与地点(即 T^g 与 L^g)不一样,而 Q 则是事件实例的观测者。

事件实例的时间属性 T^g 与 T 采用时间区间的格式给出,即 $[a,b]$、$(a,b]$、$[a,b)$ 或者 (a,b)。当 $a=b$ 时,这个事件是一个时刻事件。事件实例的空间属性 L^g 与 L 采用一个球形区域的格式给出,即 $[(x,y,z),r]$,其中 (x,y,z) 是球形区域,是相对于观察者 Q 的地理坐标;而 r 表示球形区域的半径,对一个点事件,$r=0$,而对一个域事件,$r>0$。

总的来说,式(6.9)描述的是被观察者 Q 检测到的具有属性集 Σ 的事件实例 E_{cps},这个事件实例在相对于观察者的时间 T 和地点 L 被观察到,然后,这个实例在相对于观察者的事件 T^g 与地点 L^g 被观察者产生。

6.3.4　基于状态图的航空集群空间构型演变建模

航空集群空间构型的演变过程是一个涉及空间和时间的演变过程,采用原始的状态图难以准确地描述整个演变过程,因此,本节在原始状态图的基础上增加了三项改进:一是明确有限状态包含时空属性;二是增加连续变量及时空事件,实体状态的时空属性产生时空事件,时空事件又会触发状态变迁,这些连续变量的变化用于描述系统中由事件(包括时空事件)驱动而导致的系统变化情况;三是在状态图中不仅描述单一实体状态演变情况,同时用有向边描述实体间事件触发、交感响应、时间空间条件和交感行为动作等因素。

定义 6.7　一个时空状态图 TSSC 是一个 13 元组:

$$TSSC = \{S,S_0,\sigma,\text{Type},X,X_0,T,L,\Pi,\text{default},f,\text{Tra},\text{Inv}\} \quad (6.10)$$

其中参数含义叙述如下:

S 是有限数量所有离散状态的集合;

$S_0 \subset S$ 是 TSSC 的初态子集;

$\sigma:S \to 2^S$ 定义了树形子状态集,$\sigma(s)$ 给出了状态 $s \subset S$ 的子状态集;

$\text{Type}:S \to \{\text{Basic},\text{And},\text{Or}\}$ 是状态 S 的类型函数,对于任意 $s \in S$ 满足 $\text{Type}(s)=\text{Basic}$ 或者 $\text{Type}(s)=\text{And}$ 或者 $\text{Type}(s)=\text{Or}$;

X 是所有连续变量的集合;

X_0 是所有连续变量的初值;

T 是事件发生的时间集合；

L 是事件发生的空间集合；

Π:定义系统事件集合，$\psi=\overline{\Pi}$ 表示事件的补集；

default:$S\rightarrow 2^{\varepsilon}$ 定义了缺省树形了状态集，$\upsilon(s)$ 给出了状态 $s\subset S$ 的缺省子状态集；

$f\subseteq S'\times X\rightarrow X$ 表示当系统处于某一状态 $s\in S'$ 时，变量集 X 的变化情况，其中 S' 是 Basic 状态集，即 $S'=\{s\in S' \mid \mathrm{Type}(s)=\mathrm{Basic}\}$；

$\mathrm{Tra}:\mathrm{Tra}\subseteq S\times 2^{\Pi\cup\psi}\times \mathrm{Condition}\times \mathrm{Guard}\times T\times L\times 2^{\Pi}\times \mathrm{Reset}\times T'\times L'\times S$ 表示所有状态变迁的函数集合，其中，$2^{\Pi\cup\psi}$ 表示所有触发状态变迁的事件集合，Condition 表示发生该变迁需要满足的非连续变量条件，Guard 表示发生该变迁需要满足的连续变量条件，T、L 分别表示事件变迁所需要满足的时间和空间限制条件，2^{Π} 表示发生该变迁后产生的新事件集合，表示状态变迁后，需要重置的连续变量集，T'、L' 分别表示变迁后的时间集和空间集，设 $t\in \mathrm{Tra}$，则 $t=(s_1,l,c,a,s_2)$，其中 $\mathrm{trigger}(t)=l$，$\mathrm{con}(t)=c$，$\mathrm{action}(t)=a$，$\mathrm{source}(t)=s_1$，$\mathrm{target}(t)=s_2$，分别表示变迁 t 相对应的参数；

$\mathrm{Inv}\in S\times X$ 表示某一状态 $s\in S$ 被激活时，变量集 X 需要满足的条件，当不满足条件时，必须生成某一内部事件，从而触发某一变迁，迫使状态发生改变，所有触发该类变迁发生的事件的集合为 $\Pi'\subseteq\Pi$，需要指出的是：如果 $s_1\in\sigma(s_2)$，s_1，$s_2\in S$，则 $\mathrm{Inv}(s_1)=\mathrm{Inv}(s_1)\bigcap\mathrm{Inv}(s_2)$，其中 $\mathrm{Inv}(s)$ 表示状态 S 被激活时，变量集 X 需要满足的条件。

图 6.5 展示了一个简单的时空状态图实例。在该时空状态图中，状态 S_1 由两个并发子状态 S_2 和 S_3 组成。其中，子状态 S_2 由两个子状态 S_4 和 S_5 组成；子状态 S_4 中规定，其时间属性 t 必须满足 $t>3$，空间属性 l 满足 $l\in\Omega_1$，连续变量 x 满足 $x>6$，当三者同时满足时，S_4 才能被激活；同时，如果有外部事件 a 生成，则只有满足 $t\in(3,6)\wedge l\in\Omega_2\wedge x>5$ 时，才会触发变迁 t_1 的发生，此时 S_4 失活，状态 S_5 被激活，并生成新事件 b。

需要说明的是，空间约束条件主要包括两方面：一是空间拓扑结构，二是空间距离。其中空间拓扑结构指的是航空集群空间构型的约束，空间距离指的是构型演变触发的条件。为验证模型的有效性，下面以航空集群协同无源定位空间构型的演变为例进行分析。

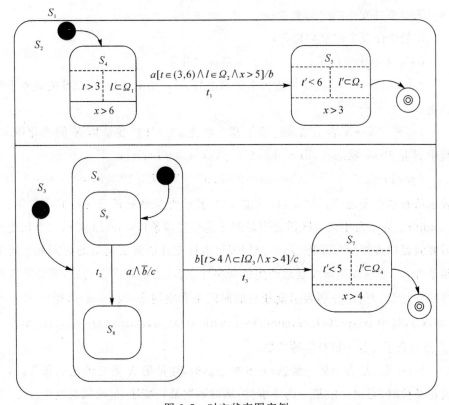

图 6.5 时空状态图实例

6.4 航空集群协同无源定位空间构型演变

航空集群协同无源定位空间构型的演变目标是为传感器使用提供最佳的空间位置,使其发挥最佳的定位效能。其演变是基于相应的事件触发的,揭示的是无源定位能力需求与航空集群空间构型的映射逻辑关系。本节以三机协同无源定位为例,从节点状态转换、约束条件及空间构型演变三个层面对航空集群协同无源定位空间构型演变进行阐述。

6.4.1 三机协同无源定位节点状态转换图

依据航空集群作战的一般流程[18],将航空集群执行协同无源定位任务分为六个阶段,下面结合图 6.6 进行说明。

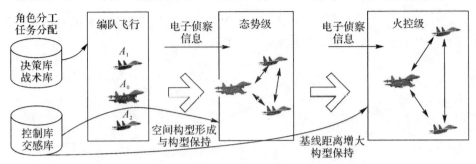

图 6.6　三机协同无源定位空间构型演变示意图

在三机协同无源定位空间构型演变示意图中，A_0 为主机，A_1、A_2 为辅机。整个无源定位过程可以分为以下 5 步。

（1）t_0 时刻，A_0 机根据电子支援措施（Electronic Support Measures，ESM）反馈的战场态势信息，下达启动态势级无源定位指令，通知 A_1、A_2 两机一起进入协同无源定位预备阶段。

（2）由 A_0、A_1、A_2 的空间位置坐标，依据空间拓扑约束条件，判别是否需要进行构型调整。如已满足态势级空间构型条件，则直接开始执行态势级无源定位任务，确认敌机的大致方位，为我航空集群机动提供参考；如不满足态势级空间构型条件，则先构型调整至预定的空间构型，再开始执行无源定位任务。

（3）敌机射频辐射触发 A_0 机传感器，A_0 机随即向 A_1、A_2 两机发送协同定位指令。

（4）A_0、A_1、A_2 三机传感器开始协同定位工作，并随即产生脉冲描述字（Pulse Descriptive Word，PDW）数据，在三机间互相传递解算，直到定位完成。

（5）依据空间距离约束判别是否触发火控级无源定位事件，如已满足条件，则进行队形调整至火控级无源定位空间构型。Δt_1 后，三机空间构型调整到位，A_0、A_1、A_2 三机传感器开始协同定位工作，并随即产生 PDW 数据，在三机间互相传递解算，直到定位完成。

为实现基于事件驱动的航空集群空间构型演变，主机与辅机之间始终保持交互，相互通报空间位置信息或指令信息，依据触发条件进行空间构型的演变。在航空集群 ECA 模型的基础上，将每一架航空飞行器视为一个节点，每个节点存在 5 个状态，分别为"空闲""ESM 站位调整""ESM 就绪""协同定位预备"和"协同定位"，记为 $q_{ESM.kx}$、$q_{ESM.zw}$、$q_{ESM.jx}$、$q_{ESM.yb}$、$q_{ESM.dw}$，相关的事件有 7 个，分别为"ESM 站位调整"事件、"ESM 站位就绪"事件、"ESM 预备通知"事件、"ESM 协同定位"事件、"ESM 协同定位结束"事件、"ESM 站位失配"事件和"PDW 数据到达"事件，记为 $e_{ESM.zw}$、$e_{ESM.jx}$、$e_{ESM.tz}$、$e_{ESM.dw\,i}$、$e_{ESM.js}$、$e_{ESM.sp}$、$e_{ESM.PDW\,i}$，其中，

$e_{\mathrm{ESM.dw}i}$ 和 $e_{\mathrm{ESM.PDW}i}$ 分别表示节点 i 发出的"ESM 协同定位"和"PDW 数据到达"事件。单个节点的状态转换图如图 6.7 所示。

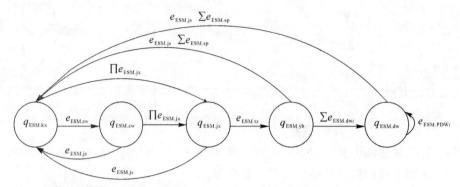

组件的状态集：$Q = \{q_{\mathrm{ESM.kx}}, q_{\mathrm{ESM.zw}}, q_{\mathrm{ESM.jx}}, q_{\mathrm{ESM.yb}}, q_{\mathrm{ESM.dw}}\}$
系统的事件集：$E_{\mathrm{Sys}} = \{e_{\mathrm{ESM.zw}}, e_{\mathrm{ESM.jx}}, e_{\mathrm{ESM.tz}}, e_{\mathrm{ESM.dw}i}, e_{\mathrm{ESM.js}}, e_{\mathrm{ESM.sp}}, e_{\mathrm{ESM.PDW}i}\}$

图 6.7　单节点状态转换图

6.4.2　三机协同无源定位空间构型演变约束条件

在节点状态变迁的基础上,结合事件触发条件对航空集群协同无源定位空间构型演变进行描述。假设 A_0、A_1、A_2 在空间中的坐标分别为 (x_0, y_0, z_0)、(x_1, y_1, z_1)、(x_2, y_2, z_2),敌机的空间坐标为 (x_T, y_T, z_T),其在三维空间下惯性坐标系的俯视图如图 6.8 所示。依据事件触发的条件,可以将三机协同无源定位空间构型演变的条件分为空间拓扑约束及空间距离约束,下面对两个约束条件进行说明。

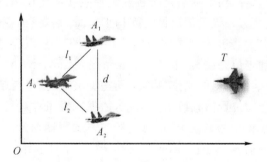

图 6.8　四机惯性坐标系俯视图

6.4.2.1　空间拓扑约束

在执行航空集群协同无源定位任务的过程中,不同的阶段其空间构型也不同。在态势级阶段，其主要任务是发现目标，确保有无敌机的问题，对定位精度要求不高，在 5.2 节的基础上，假设 GDOP＝2 km，则其空间构型为：$\beta=150°$，$l=40$ km，主辅机之间的高度差 $\Delta z=\pm(1\sim2)$ km。而在火控引导阶段，其定位精度必须满足导弹导引头截获目标的精度要求，取 GDOP＝0.8 km，则其空间构型为：$\beta=150°$，$l=80$ km，主辅机之间的高度差 $\Delta z=\pm(1\sim2)$ km。基于以上分析，可以得到三机协同无源定位空间构型在态势级阶段和在火控级阶段的空间拓扑约束条件。

(1)A_0 空间约束。主机 A_0 的原子事件集{normal altitude、high、low}产生条件见表 6.1。

表 6.1　A_0 原子事件集产生条件(ε_{0h} 为足够小的正数)

事件	normal altitude	high	low
产生条件	$|z_0-z_T|\leqslant\varepsilon_{0h}$	$z_0-z_T>\varepsilon_{0h}$	$z_0-z_T<-\varepsilon_{0h}$

(2)A_1 空间约束。辅机 A_1 的原子事件集 1{normal altitude、high、low}产生条件见表 6.2，原子事件集 2{normal distance、long、short}产生条件见表 6.3，原子事件集 3 {normal direction、left、right}产生条件见表 6.4。

表 6.2　A_1 原子事件集 1 产生条件(A_1 位于 A_0 上方)

事件	normal altitude	high	low
产生条件	$1\leqslant z_1-z_0\leqslant2$	$z_1-z_0>2$	$0<z_1-z_0<1$

表 6.3　A_1 原子事件集 2 产生条件(ε_{1d} 为足够小的正数)

事件	normal distance	long	short
产生条件	$|l_1-l|\leqslant\varepsilon_{1d}$	$l_1-l>\varepsilon_{1d}$	$l-l_1>\varepsilon_{1d}$

表 6.4　A_1 原子事件集 3 产生条件(ε_{1r} 为足够小的正数)

事件	normal direction	left	right
产生条件	$\left|2\arcsin\dfrac{d}{2l_1}-150\right|\leqslant\varepsilon_{1r}$	$2\arcsin\dfrac{d}{2l_1}-150>\varepsilon_{1r}$	$150-2\arcsin\dfrac{d}{2l_1}>\varepsilon_{1r}$

其中：$l_1=\sqrt{(x_1-x_0)^2+(y_1-y_0)^2+(z_1-z_0)^2}$，$d=\sqrt{(x_1-x_2)^2+(y_1-y_2)^2+(z_1-z_2)^2}$。

（3）A_2 空间约束。辅机 A_2 的原子事件集 1〔normal altitude、high、low〕产生条件见表 6.5，原子事件集 2〔normal distance、long、short〕产生条件见表 6.6，原子事件集 3〔normal direction、left、right〕产生条件见表 6.7。

表 6.5　A_2 原子事件集 1 产生条件（A_2 位于 A_0 上方）

事　件	normal altitude	high	low
产生条件	$1 \leqslant z_2 - z_0 \leqslant 2$	$z_2 - z_0 > 2$	$0 < z_2 - z_0 < 1$

表 6.6　A_2 原子事件集 2 产生条件（ε_{2d} 为足够小的正数）

事　件	normal distance	long	short
产生条件	$\|l_2 - l\| \leqslant \varepsilon_{2d}$	$l_2 - l > \varepsilon_{2d}$	$l - l_2 > \varepsilon_{2d}$

表 6.7　A_2 原子事件集 3 产生条件（ε_{2r} 为足够小的正数）

事　件	normal direction	left	right
产生条件	$\left\| 2\arcsin \dfrac{d}{2l_2} - 150 \right\| \leqslant \varepsilon_{2r}$	$150 - 2\arcsin \dfrac{d}{2l_2} > \varepsilon_{2r}$	$2\arcsin \dfrac{d}{2l_2} - 150 > \varepsilon_{2r}$

其中：$l_2 = \sqrt{(x_2 - x_0)^2 + (y_2 - y_0)^2 + (z_2 - z_0)^2}$，$d = \sqrt{(x_1 - x_2)^2 + (y_1 - y_2)^2 + (z_1 - z_2)^2}$。

6.4.2.2　空间距离约束

飞行器从机场升空后在一定的空域内聚集，以一定的编队队形向预定的战场空域飞行，期间何时从编队飞行状态向态势级无源定位空间构型转变是由相应的上级指令决定的，其触发事件是指令事件。而在火控级阶段，其定位精度需要满足导弹导引头截获目标的精度要求，为确保我机的安全，我机距离敌机必须满足一定的空间距离约束，故由态势级空间构型向火控级空间构型转变的触发条件是空间距离属性。为确保我航空集群自身的安全，只需确保编队中最前方的我方飞行器距离敌机的距离大于某一个安全距离。下面结合图 6.9 进行说明：

图 6.9　不同阶段的我机和敌机的空间位置示意图

图 6.9 中 S_0 表示三机编队开始启动态势级无源定位时位于最前方的飞行器 A_1 的空间位置, 敌机位于 T_0; 经 $\Delta t_0'$, 三机空间构型达到态势级无源定位空间构型, 此时 A_1 空间位置为 S_1, 敌机位于 T_1; S_2 表示三机开始由态势级向火控级转变时 A_1 的空间位置, 敌机位于 T_2; 经 $\Delta t_1'$, 三机空间构型调整到位, 此时 A_1 空间位置为 S_3, 敌机位于 T_3。

基于以上分析, 可得火控级阶段的触发事件需要满足的空间属性为

$$| S_2 T_2 | = \sqrt{(x_{T_2} - x_{S_2})^2 + (y_{T_2} - y_{S_2})^2 + (z_{T_2} - z_{S_2})^2} = D_{safe} + \Delta d$$

(6.11)

式中: D_{safe} 由两部分确定, 一部分是三机由态势级空间构型转变为火控级空间构型的所需的时间乘以速度, 属于控制层面的问题; 另外一部分是由敌机导弹射程及在火控级阶段确定敌机位置所耗费的时间乘以速度所得距离共同决定。

6.4.3　三机协同无源定位空间构型演变

在三机协同无源定位空间构型演变约束条件的基础上, 设计了如图 6.10 所示的三机协同无源定位空间构型演变的时空状态图。图中各 SAV 依据相应的感知信息所做的反应产生相应事件, 通过引入三机在态势级阶段及火控级阶段所处的不同状态来反映空间构型的演变。

图 6.10 中, E_{oij} 表示飞行器 i 的 j 状态收到的系统外部事件; E_{ij} 表示飞行器 i 在状态 j 产生的逻辑属性事件; E_{sij} 表示飞行器 i 在状态 j 产生的空间事件; E_{tij} 表示飞行器 i 在状态 j 产生的时间事件; con_{ij} 表示飞行器 i 产生状态 j 迁移的条件; t_{ij} 表示飞行器 i 在向状态 j 产生的状态迁移。

假设航空飞行器 A_0、A_1、A_2 由同一机场起飞, 在指定空域进行聚集, 初始位置坐标分别为 $\{(30, 65, 9.3), (40, 20, 10), (40, -35, 10)\}$, 初始速度分别为 300 m/s, 280 m/s 和 250 m/s, 方向均指向 x 轴正方向, 初始加速度均为 0, 水平加速度不超过 20 m/s², 垂直加速度不超过 15 m/s²。在三机协同无源定位空间拓扑约束及空间距约约束的基础上, 结合空间构型演变的时空状态图, 在 Matlab 仿真条件下对三机协同无源定位空间构型演变的轨迹进行可视化呈现, 如图 6.11 所示, 其中曲线 A_0 表示主机轨迹, A_1、A_2 表示两个辅机的轨迹。

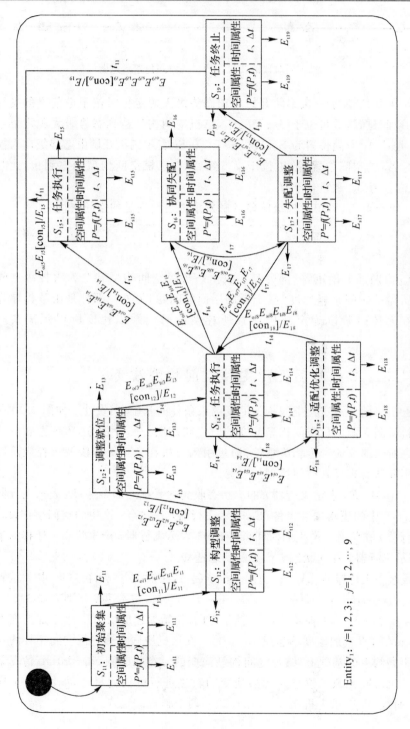

图6.10 三机协同无源定位空间构型演变的时空状态图

Entity$_i$: i=1, 2, 3; j=1, 2, ···, 9

　　图 6.11(a) 为敌机不做机动且保持匀速飞行情形下协同无源定位空间构型由态势级向火控级演变的轨迹图,其中触发状态转变的事件为空间域事件;图 6.11(b) 为敌机做机动情形下三机协同无源定位空间构型由初始聚集向态势级演变的轨迹图,整个过程分为 3 个状态,三机在指定空域完成聚集并以一定的编队构型朝着预定空域飞行,主机 A_0 收到上级指令,启动态势级无源定位并对敌机进行跟踪,期间敌机做了一个下降高度的机动,我机为锁定敌机也做相应的机动,由态势级 1 向态势级 2 转变,其中,由初始聚集向态势级 1 状态转变的触发事件为指令事件,由态势级 1 向态势级 2 状态转变的触发事件为空间点事件。

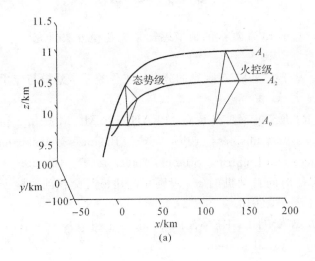

(a)

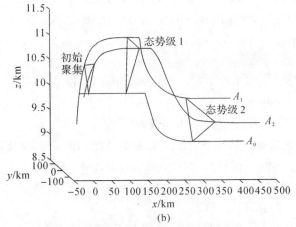

(b)

图 6.11　三机协同无源定位空间构型演变的轨迹

(a)敌机不做机动;(b)敌机做机动

本 章 小 结

本章提出了基于事件驱动的航空集群空间构型演变方法。该方法在 ECA 规则的基础上，结合状态图，从航空集群事件模型、航空集群事件条件及航空集群事件实例三方面建立了基于状态图的航空集群 ECA 模型，并以三机协同无源定位空间构型演变为例进行了模型验证。

参 考 文 献

[1] 刘晓伶. 基于 ECA 规则的情境感知系统建模方法研究[D]. 大连：大连理工大学，2013.

[2] 李文彬. 基于扩展 ECA 规则的分布式工作流系统建模与应用[D]. 长沙：长沙理工大学，2005.

[3] ENDL R, KNOLMAYER G, PFAHRER M. Modeling processes and workflows by business rules [J]. Business Management Models Techniques and Empirical Studies，2000，38(9)：16 − 29.

[4] 赵鑫. 基于时间自动机的 eca 规则系统建模与交互问题验证[d]. 大连：大连理工大学，2016.

[5] YUE K, WANG L, REN S P, et al. An adaptive discrete event model for cyber-physical system[C]. Houston：In the First Analytic Virtual Integration of Cyber-Physical Systems Workshop，2010：358 − 362.

[6] SEYBOTH G, DIMAROGONAS D, JOHANSSON K. Event-based broadcasting for multi-agent average consensus[J]. Automatica，2013，49(1)：245 − 252.

[7] SHANBIN L, BUGONG X. Co-design of event generator and controller for event-triggered control system [C]. Yantai：Proceedings of the Control Conference, 30th Chinese，2011.

[8] 尹忠海，张凯成，杜华桦，等. 基于事件驱动的信息物理融合系统建模[J]. 微电子学与计算机，2015，32(12)：126 − 129.

[9] 智慧来. 面向异构数据分析的形式概念分析扩展模型[J]. 电子学报，2013，42(12)：2451 − 2455.

[10] 祝超群，郭戈. 事件驱动的网络化系统最优控制[J]. 控制与决策，2014，29(5)：802 − 808.

[11]　杨婷婷，刘忠，朱先强，等. 面向知识图谱的作战体系运行机制研究[J].
　　　　指挥控制与仿真，2018，40(2)：15 - 21.

[12]　赵鑫，卢涛. 基于时间自动机的 ECA 规则交互问题研究[J]. 计算机应
　　　　用与软件，2017，34(2)：74 - 79.

[13]　唐朝胜，刘世洪，程杰仁. 状态和数据双因索驱动的决策支持系统模型
　　　　复合方法[J]. 计算机应用，2017，37(2)：581 - 586.

[14]　张立臣，王小明，窦文阳. 基于扩展 Petri 网的 ECA 规则集表示及终止
　　　　性分析[J]. 通信学报，2013，34(3)：157 - 164.

[15]　刘海，刘安，李青，等. 一种 ECA 规则驱动的 BPEL 流程异常处理和分
　　　　析机制[J]. 小型微型计算机系统，2010，31(7)：1363 - 1370.

[16]　HAREL D. Statecharts：a visual formalism for complex system[J].
　　　　Science of Computer Programming，1987，8(3)：231 - 274.

[17]　刘晓伶，卢涛. 基于情景分析的 ECA 规则提取方法研究[J]. 计算机工
　　　　程，2012，38(22)：154 - 158.

[18]　景晓年，梁晓龙，孙强，等. 基于规则的无人机集群运动控制[J]. 计算
　　　　机仿真，2016，33(9)：50 - 54.

第7章　基于一致性理论的航空集群时变构型控制

　　上述通过对航空集群空间构型的构建和演化决策问题进行研究,解决了航空集群空间构型演化的上层决策问题。从航空集群控制角度来看,不管任务多么复杂、态势如何多变,决策层给协同控制层的输入都是期望空间构型、参考航迹和速度、传感器指向、武器装定、交感拓扑等信息。其中,传感器指向、武器装定、交感拓扑都可以通过软件控制实现,不涉及航空器的机动和占位,相对比较容易。因此,本章主要关注航空集群的构型生成与航迹跟踪控制问题。航空集群系统的构型包括航空器平台之间的交感拓扑和空间拓扑[1],本质上讲是一个考虑交感拓扑的时变编队控制问题,其目的是在特定的交感拓扑下,通过分布式协同使集群内部所有个体的速度、位置保持期望的偏差。

　　在实际系统中,由于通信带宽的限制、数据传输的冗余性和通信链路的不对称性等,通信时延是普遍存在的。航空集群通信网络的主要指标有数据丢包率、吞吐量及通信时延等。从信息传输角度分析,丢包率和吞吐量都可归结为通信时延的影响。其中,数据丢包是时延超过了设定的阈值;在数据量固定的情况下,数据吞吐量也直接影响通信时延。针对存在时延的连续时间系统,已有大量文献进行了研究,取得了许多有意义的成果和结论[2-11]。然而,现有文献中针对连续时间系统的结论难以直接用于航空集群的编队控制,主要原因有两方面:一是在基于交感网络的航空集群编队控制中,SAV(Swarm Aircraft Vehicle)的速度、位置等协调变量都需要通过其采样值周期性地交互和更新,因此必须采用离散时间系统来描述系统的运动特性;二是在离散系统中,时延的产生和影响具有与连续系统不同的特性。因此,进一步在考虑通信时延条件下,对以离散时间系统描述的航空集群的空间构型控制问题进行研究具有重要的理论和实用价值。文献[12]研究了具有通信时延和无向通信拓扑结构的二阶离散系统的时不变编队控制问题。文献[13]得出了时延仅为一个采样周期时,二阶多智能体系统时不变编队控制稳定的充要条件。文献[14]研究了具有时变时滞的二阶离散时间多智能体系统的异步时不变编队控制问题。综上所述,现有对以离散时间系统描述的航空集群编队控制问题的研究还不完善,通信时延和有向通信拓扑条件下的时变编队控制问题尚未解决。

7.1　无时延条件下航空集群时变构型控制

近年来,多智能体系统的一致性控制受到了各个领域的关注,并取得了很大的进展。随着相关理论的发展和成熟,学者提出了基于一致性理论的编队控制方法。文献[15]指出传统的基于行为、领导者-跟随者和虚拟结构的编队控制方法都可以统一到基于一致性方法的框架下。已有文献从不同角度对这类问题进行了研究,取得了一些重要的结论。在依靠交感网络的集群构型控制中,SAV的速度、位置等协调变量都需要通过其采样值周期性地交互和更新,信息交互和更新的周期受到通信带宽严格限制。通信频率过高不仅浪费资源还会挤占任务层协同的带宽,过低则会影响编队控制的精度和稳定性,这些都会对航空集群的总体性能产生不良影响。然而,现有文献的研究大多都是针对连续时间系统进行的,不能解决时变编队跟踪问题中增益参数与通信周期之间的耦合约束关系,难以直接用于航空集群的编队控制。因此,采用离散时间系统模型对航空集群进行描述和研究,可以综合考虑控制器参数和通信频率需求,具有重要的现实意义。本节将在不考虑时延条件下,对航空集群空间构型演化控制问题进行研究。通过将一致性方法与领导者-跟随者方法相结合,研究航空集群的空间构型生成和航迹跟踪控制问题,给出航空集群实现期望空间构型的充要条件、空间构型可行的判定条件及控制协议中相关参数和控制器更新周期的耦合约束条件。通过数值仿真和飞行实验,验证所提出方法的有效性和理论分析的正确性。

7.1.1　问题描述

考虑包含 N 架 SAV 的航空集群,编号为 $1,2,\cdots,N$,令集合 $I_N = \{1,2,\cdots, N\}$。航空集群的预先规划航迹通常由多个关键航点连接而成,即期望的全局航迹由多条直线段构成,假设每条线段的预定飞行速度保持不变,则期望的航迹可以描述为

$$\left.\begin{array}{l} \boldsymbol{x}_0(t+\delta) = \boldsymbol{x}_0(t) + \delta\boldsymbol{v}_0(t) \\ \boldsymbol{v}_0(t+\delta) = \boldsymbol{v}_0(t) \end{array}\right\} \tag{7.1}$$

式中:$\boldsymbol{x}_0(t) \in \mathbf{R}^n$ 和 $v_0(t) \in \mathbf{R}^n$ 分别表示 t 时刻集群的期望位置和速度。为便于分析,将期望航迹视为一个虚拟领导者(virtual leader),将编队航迹跟踪转化为

基于领导者-跟随者的编队控制问题。

航空集群通常由多种动力学特性的平台异构而成。因此,为了增强编队控制算法的适应性,采用分层控制思想,将集群编队控制结构分为协同控制层和执行层。其中,协同控制层负责根据期望队形和友邻个体的状态,计算本机的控制输入;执行层根据编队控制层的输入,结合自身动力学特性,对本机的油门、姿态、舵面等进行控制。在协同控制层,可将每架 SAV 视为一个质点,采用前向差分近似方法,其运动特性可以描述为二阶离散时间系统形式,即

$$\left. \begin{aligned} \boldsymbol{x}_i(t+\delta) &= \boldsymbol{x}_i(t) + \delta \boldsymbol{v}_i(t) \\ \boldsymbol{v}_i(t+\delta) &= \boldsymbol{v}_i(t) + \delta \boldsymbol{u}_i(t) \end{aligned} \right\} \tag{7.2}$$

式中:$\boldsymbol{x}_i(t) \in \mathbf{R}^n$ 和 $v_i(t) \in \mathbf{R}^n$ 分别表示 $\mathrm{SAV}_i (i \in I_N)$ 的位置和速度矢量,$\boldsymbol{u}_i(t) \in \mathbf{R}^n$ 为 $\mathrm{SAV}_i (i \in I_N)$ 的控制输入。信息更新时刻可表示为 $t = t_0 + q\delta$,其中,$t_0 \geqslant 0$ 和 $\delta > 0$ 分别表示初始时刻和个体之间的信息更新周期,$q = 1,2,\cdots,n \geqslant 1$ 为航空集群运动空间维数,为便于描述,取 $n = 1$。假设 SAV_i 在各个方向上的运动是解耦的,则所有的结论可以通过 Kronecker 积扩展到高维情况。

在许多任务中,如协同目标监视和编队重构等,需要根据不同的任务需求进行编队构型的变换和演化,因此对航空集群的时变编队控制进行研究更有意义。期望的时变编队可用有界函数表示为

$$\boldsymbol{h}_F(t) = \begin{bmatrix} \boldsymbol{h}_{Fx}(t) & \boldsymbol{h}_{Fv}(t) \end{bmatrix}^{\mathrm{T}} \tag{7.3}$$

式中:$\boldsymbol{h}_{Fx}(t) = [h_{1x} \cdots h_{Nx}]^{\mathrm{T}}$ 和 $\boldsymbol{h}_{Fv}(t) = [h_{1v} \cdots h_{Nv}]^{\mathrm{T}}$ 分别表示编队参考向量的位置和速度分量。令 $\boldsymbol{h}_i(t) = \begin{bmatrix} h_{ix}(t) & h_{iv}(t) \end{bmatrix}^{\mathrm{T}}$,$\boldsymbol{\xi}_i(t) = \begin{bmatrix} x_i(t) & v_i(t) \end{bmatrix}^{\mathrm{T}}$,$i = 0, 1,\cdots, N$。

定义 7.1 航空集群实现了期望编队 $\boldsymbol{h}_F(t)$ 及对航迹 $\boldsymbol{\xi}_0(t)$ 的跟踪(编队航迹跟踪),当且仅当对任意 $\mathrm{SAV}_i (i \in I_N)$,下式成立:

$$\lim_{t \to \infty} [\boldsymbol{\xi}_i(t) - \boldsymbol{h}_i(t) - \boldsymbol{\xi}_0(t)] = \boldsymbol{0} \tag{7.4}$$

需要说明的是,$\boldsymbol{h}_i(t)$ 只给出了期望的时变队形,并不是每架 SAV 的航迹,即 $\boldsymbol{h}_i(t)$ 描述的是 $\boldsymbol{\xi}_i(t)$ 相对于全局航迹 $\boldsymbol{\xi}_0(t)$ 的偏移量。当 $\boldsymbol{h}_F(t) \equiv \boldsymbol{0}$,定义 7.1 就退化为一致性跟踪问题。

为了解决航空集群在有向通信拓扑下的编队航迹跟踪问题,设计基于局部位置和速度信息的分布式控制协议为

$$u_i(t) = \gamma_i \boldsymbol{K} [\boldsymbol{\xi}_i(t) - \boldsymbol{h}_i(t) - \boldsymbol{\xi}_0(t)] + h_{ia}(t) +$$
$$\boldsymbol{K} \sum_{j=1}^N a_{ij} \{\boldsymbol{\xi}_i(t) - \boldsymbol{h}_i(t) - [\boldsymbol{\xi}_j(t) - \boldsymbol{h}_j(t)]\} \tag{7.5}$$

式中:$\boldsymbol{K} = \begin{bmatrix} -\alpha & -\beta \end{bmatrix}$($\alpha, \beta > 0$)为常增益系数矩阵;$h_{ia}(t)$ 表示编队参考向量

的加速度分量；参数 γ_i 是一个事件触发变量，当 SAV_i 接收到全局航迹信息时，γ_i = 1，否则 γ_i = 0。从式(7.2)可以看出，期望的航迹是匀速直线运动的，如果要精确跟踪非匀速直线的全局航迹，则需要全局航迹的二阶导数。

对比文献[16]中的式(8)和和本书的式(7.5)，不难验证两者的形式和含义基本相同，这说明基于势函数的编队控制方法也能够统一到基于一致性的方法框架下。但是，基于势函数的方法仅考虑了个体之间的距离约束，SAV 的状态并不唯一，因此不能生成精确的空间构型，如图 7.1(a)所示。而在控制协议式 (7.5)中，$\boldsymbol{h}_i(t)$ 可以分别在不同的方向上设定个体之间的位置关系，当编队稳定时，有 $\boldsymbol{\xi}_i(t) = \boldsymbol{\xi}_0(t) + \boldsymbol{h}_i(t)$，$i = 1,2,3$。若 $\boldsymbol{\xi}_0(t)$ 和 $\boldsymbol{h}_i(t)$ 确定，则意味着 SAV_i 的状态是唯一确定的，因此能够生成精确的空间构型，如图 7.1(b)所示。

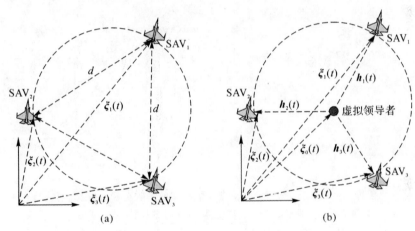

图 7.1　不同方法的编队稳定状态对比

(a)基于势函数方法的编队稳定状态；(b)基于一致性方法的编队稳定状态

图 7.2(a)进一步说明了基于一致性的编队控制方法的实现过程。在基于一致性的编队控制中，SAV 只需与各自的编队参考点 $\boldsymbol{\psi}_i(t) = \boldsymbol{\xi}_i(t) - \boldsymbol{h}_i(t)$ 保持期望的偏差即可。航空集群生成期望编队的判定条件为 $\lim\limits_{t\to\infty}[\boldsymbol{\psi}_i(t) - \boldsymbol{\psi}_j(t)] = \boldsymbol{0}$，即所有 SAV 的编队参考点实现了一致。从几何关系看，当编队稳定时，所有 SAV 对应的编队考点相互重合。从图 7.2(a)中还可以看出，基于一致性的编队控制方法只依赖于 SAV 自身和邻居个体的状态信息。图 7.2(b)为传统的集中式编队控制方法的实现过程，其中 $\boldsymbol{r}(t)$ 表示编队参考点，$\boldsymbol{f}_i(t)$ 表示 SAV_i 的期望状态 $\boldsymbol{r}_i^d(t)$ 相对于 $\boldsymbol{r}(t)$ 的偏移，从而有 $\boldsymbol{r}_i^d(t) = \boldsymbol{r}(t) + \boldsymbol{f}_i(t)$。$SAV_i$ 根据自身当前状态 $\boldsymbol{\xi}_i(t)$ 与期望状态 $\boldsymbol{r}_i^d(t)$ 的偏差计算控制输入。若所有 SAV 的状态都达到了期望值，即 $\boldsymbol{\xi}_i(t) = \boldsymbol{r}_i^d(t)$，就称系统生成了期望的编队。这种集中控制方法要求

所有 SAV 都能接收到编队参考点 $r(t)$ 的信息。显然,对于航空集群来说,由于存在通信带宽、距离的限制,这种条件过于苛刻,在实际任务中难以实现。

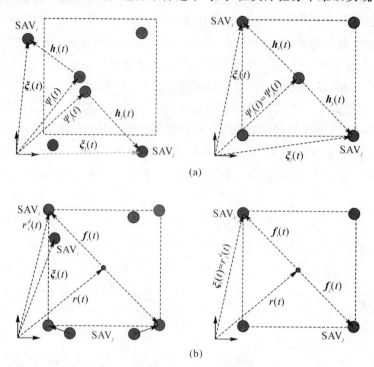

图 7.2 基于一致性理论和集中式控制的编队实现过程示意图

(a)基于一致性理论的编队实现过程;(b)集中式控制的编队实现过程

由于虚拟领导者不能接受其他 SAV 的状态信息反馈,因此系统的拉普拉斯矩阵可表示为

$$L = \begin{bmatrix} 0 & \mathbf{0}_{1\times N} \\ L^{lf} & L^{ff} \end{bmatrix} \tag{7.6}$$

式中:$L^{ff} = \boldsymbol{\Gamma} + L^{F}, \boldsymbol{\Gamma} = \mathrm{diag}(\gamma_1 \cdots \gamma_N)$。$L^{lf} = [-\gamma_1 \cdots -\gamma_N]^{\mathrm{T}}$ 和 L^{F} 分别表示 SAV 与虚拟领导者以及所有 SAV 之间的邻接关系。

令 $\boldsymbol{x}(t) = [x_0(t) \quad x_1(t) \cdots x_N(t)]^{\mathrm{T}}, \boldsymbol{v}(t) = [v_0(t) \quad v_1(t) \cdots v_N(t)]^{\mathrm{T}}, \boldsymbol{h}_x(t) = [0 \quad \boldsymbol{h}_{Fx}^{\mathrm{T}}(t)]^{\mathrm{T}}, \boldsymbol{h}_v(t) = [0 \quad \boldsymbol{h}_{Fv}^{\mathrm{T}}(t)]^{\mathrm{T}}, \boldsymbol{h}_a(t) = [0 \quad \boldsymbol{h}_{Fa}^{\mathrm{T}}(t)]^{\mathrm{T}}$。则在控制协议式(7.5)的作用下,航空集群系统的运动方程闭环形式可表示为

$$\begin{bmatrix} \boldsymbol{x}(t+\delta) \\ \boldsymbol{v}(t+\delta) \end{bmatrix} = \begin{bmatrix} \boldsymbol{I}_{N+1} & \delta\boldsymbol{I}_{N+1} \\ -\alpha\delta\boldsymbol{L} & \boldsymbol{I}_{N+1} - \beta\delta\boldsymbol{L} \end{bmatrix} \begin{bmatrix} \boldsymbol{x}(t) \\ \boldsymbol{v}(t) \end{bmatrix} + \begin{bmatrix} \mathbf{0} & \mathbf{0} \\ \alpha\delta\boldsymbol{L} & \beta\delta\boldsymbol{L} \end{bmatrix} \begin{bmatrix} \boldsymbol{h}_x(t) \\ \boldsymbol{h}_v(t) \end{bmatrix} + \begin{bmatrix} \mathbf{0}_{N+1} \\ \delta\boldsymbol{h}_a(t) \end{bmatrix}$$

$$\tag{7.7}$$

7.1.2　控制协议设计及主要结论

本节主要关注并解决以下三个问题：① 实现期望编队航迹跟踪需要满足的条件有哪些；② 如何确定期望的构型 $h_F(t)$ 在控制协议式(7.5)的作用下是可实现的；③ 如何设计控制协议式(7.5)中的增益系数矩阵 K 和信息更新周期 δ 以实现编队航迹跟踪。

为便于分析，先给出以下引理。

引理 7.1[15]：对于包含 N 个节点的有向图 G，拉普拉斯矩阵具有如下性质：

（1）拉普拉斯矩阵 L 至少有一个零特征值，$\mathbf{1}_N$ 是特征值 0 对应的特征向量，即 $L\mathbf{1}_N = \mathbf{0}_N$，其中，$\mathbf{1}_N(\mathbf{0}_N)$ 表示所有元素均为1(0)的列向量；

（2）当且仅当 G 包含有向生成树时，0 是 L 的代数重数为 1 的特征值，其他非零特征值均具有正实部；

（3）特别的，若 G 为无向图且是连通的，则 0 是 L 的代数重数为 1 的特征值，其他非零特征值均为正实数。

引理 7.2[18]：若图 G 有生成树，则其拉普拉斯矩阵 L 有且仅有一个 0 特征值，其对应的特征向量为 $\mathbf{1}_{N+1}$，其他 N 个特征值的实部为正且与 L^{ff} 的特征值相同。

为便于后面分析与表达，首先令

$$
\begin{cases}
\psi_{ix}(t) = x_i(t) - h_{ix}(t) \\
\psi_{iv}(t) = v_i(t) - h_{iv}(t) \\
\boldsymbol{\psi}_{Fx}(t) = [\psi_{1x}(t) \cdots \psi_{Nx}(t)]^{\mathrm{T}} \\
\boldsymbol{\psi}_{Fv}(t) = [\psi_{1v}(t) \cdots \psi_{Nv}(t)]^{\mathrm{T}} \\
\boldsymbol{\zeta}_{Fx}(t) = \boldsymbol{\psi}_{Fx}(t) - \mathbf{1}_N x_0(t) \\
\boldsymbol{\zeta}_{Fv}(t) = \boldsymbol{\psi}_{Fv}(t) - \mathbf{1}_N v_0(t) \\
\boldsymbol{\zeta}(t) = [\boldsymbol{\zeta}_{Fx}^{\mathrm{T}}(t) \quad \boldsymbol{\zeta}_{Fv}^{\mathrm{T}}(t)] \\
\boldsymbol{\psi}(t) = [x_0(t) \quad \boldsymbol{\psi}_{Fx}^{\mathrm{T}}(t) \quad v_0(t) \quad \boldsymbol{\psi}_{Fv}^{\mathrm{T}}(t)]^{\mathrm{T}} \\
\boldsymbol{\zeta}(t) = [x_0(t) \quad \boldsymbol{\zeta}_{Fx}^{\mathrm{T}}(t) \quad v_0(t) \quad \boldsymbol{\zeta}_{Fv}^{\mathrm{T}}(t)]^{\mathrm{T}}
\end{cases}
$$

定理 7.1　具有有向交感拓扑的航空集群在控制协议式(7.5)的作用下能够实现编队跟踪，当且仅当对任意 $i \in F$，期望构型满足如下可行性条件：

$$
\left.
\begin{aligned}
\lim_{t \to \infty}[h_{ix}(t+\delta) - h_{ix}(t) - \delta h_{iv}(t)] = 0 \\
\lim_{t \to \infty}[h_{iv}(t+\delta) - h_{iv}(t) - \delta h_{ia}(t)] = 0
\end{aligned}
\right\}
\tag{7.8}
$$

且线性离散时间系统渐近稳定，即

$$
\boldsymbol{\zeta}(t+\delta) =
\begin{bmatrix}
\boldsymbol{I}_N & \delta \boldsymbol{I}_N \\
-\alpha\delta \boldsymbol{L}^{ff} & \boldsymbol{I}_N - \beta\delta \boldsymbol{L}^{ff}
\end{bmatrix}
\boldsymbol{\zeta}(t)
\tag{7.9}
$$

证明：由 $\boldsymbol{\psi}(t)$ 的定义可知

$$\boldsymbol{\psi}(t) = \begin{bmatrix} \boldsymbol{x}(t) \\ \boldsymbol{v}(t) \end{bmatrix} - \begin{bmatrix} \boldsymbol{h}_x(t) \\ \boldsymbol{h}_v(t) \end{bmatrix} \tag{7.10}$$

则有

$$\begin{bmatrix} \boldsymbol{x}(t) \\ \boldsymbol{v}(t) \end{bmatrix} = \boldsymbol{\psi}(t) + \begin{bmatrix} \boldsymbol{h}_x(t) \\ \boldsymbol{h}_v(t) \end{bmatrix} \tag{7.11}$$

将式(7.11)代入式(7.7)可得

$$\boldsymbol{\psi}(t+\delta) = \begin{bmatrix} \boldsymbol{I}_{N+1} & \delta \boldsymbol{I}_{N+1} \\ -\alpha\delta\boldsymbol{L} & \boldsymbol{I}_{N+1} - \beta\delta\boldsymbol{L} \end{bmatrix} \boldsymbol{\psi}(t) + \boldsymbol{H}(t) \tag{7.12}$$

式中：$\boldsymbol{H}(t) = \begin{bmatrix} \boldsymbol{h}_x(t) + \delta\boldsymbol{h}_v(t) \\ \boldsymbol{h}_v(t) \end{bmatrix} - \begin{bmatrix} \boldsymbol{h}_x(t+\delta) \\ \boldsymbol{h}_v(t+\delta) \end{bmatrix} + \begin{bmatrix} \boldsymbol{0}_{N+1} \\ \boldsymbol{h}_a(t) \end{bmatrix}$。

令 $\boldsymbol{E} = \begin{bmatrix} 1 & \boldsymbol{0}_{1\times N} \\ \boldsymbol{1}_N & \boldsymbol{I}_N \end{bmatrix}$，则 $\boldsymbol{E}^{-1} = \begin{bmatrix} 1 & \boldsymbol{0}_{1\times N} \\ -\boldsymbol{1}_N & \boldsymbol{I}_N \end{bmatrix}$，考虑到拉普拉斯矩阵的性质，并结合引理 7.1，可得

$$\boldsymbol{E}^{-1}\boldsymbol{L}\boldsymbol{E} = \begin{bmatrix} 0 & \boldsymbol{0}_{1\times N} \\ \boldsymbol{0}_N & \boldsymbol{L}^{ff} \end{bmatrix} \tag{7.13}$$

由 $\boldsymbol{\zeta}(t)$ 的定义可知

$$\boldsymbol{\zeta}(t) = \left[\boldsymbol{I}_2 \otimes \begin{bmatrix} 1 & \boldsymbol{0}_{1\times N} \\ -\boldsymbol{1}_N & \boldsymbol{I}_N \end{bmatrix} \right] \left[\begin{bmatrix} \boldsymbol{x}(t) \\ \boldsymbol{v}(t) \end{bmatrix} - \begin{bmatrix} \boldsymbol{h}_x(t) \\ \boldsymbol{h}_v(t) \end{bmatrix} \right] =$$
$$(\boldsymbol{I}_2 \otimes \boldsymbol{E}^{-1})\boldsymbol{\psi}(t) \tag{7.14}$$

即

$$\boldsymbol{\psi}(t) = (\boldsymbol{I}_2 \otimes \boldsymbol{E})\boldsymbol{\zeta}(t) \tag{7.15}$$

将式(7.15)代入式(7.12)，等号两边同时左乘 $(\boldsymbol{I}_2 \otimes \boldsymbol{E}^{-1})$，可得

$$\boldsymbol{\zeta}(t+\delta) = (\boldsymbol{I}_2 \otimes \boldsymbol{E}^{-1})\begin{bmatrix} \boldsymbol{I}_{N+1} & \delta\boldsymbol{I}_{N+1} \\ -\alpha\delta\boldsymbol{L} & \boldsymbol{I}_{N+1} - \beta\delta\boldsymbol{L} \end{bmatrix}(\boldsymbol{I}_2 \otimes \boldsymbol{E})\boldsymbol{\zeta}(t) + (\boldsymbol{I}_2 \otimes \boldsymbol{E}^{-1})\boldsymbol{H}(t) \tag{7.16}$$

令

$$\bar{\boldsymbol{L}} = (\boldsymbol{I}_2 \otimes \boldsymbol{E}^{-1})\begin{bmatrix} \boldsymbol{I}_{N+1} & \delta\boldsymbol{I}_{N+1} \\ -\alpha\delta\boldsymbol{L} & \boldsymbol{I}_{N+1} - \beta\delta\boldsymbol{L} \end{bmatrix}(\boldsymbol{I}_2 \otimes \boldsymbol{E}) =$$
$$\begin{bmatrix} \boldsymbol{I}_{N+1} & \delta\boldsymbol{I}_{N+1} \\ -\alpha\delta\begin{bmatrix} 0 & \boldsymbol{0}_{1\times N} \\ \boldsymbol{0}_N & \boldsymbol{L}^{ff} \end{bmatrix} & \boldsymbol{I}_{N+1} - \beta\delta\begin{bmatrix} 0 & \boldsymbol{0}_{1\times N} \\ \boldsymbol{0}_N & \boldsymbol{L}^{ff} \end{bmatrix} \end{bmatrix}$$

则式(7.16)可表示为

$$\zeta(t+\delta) = \bar{L}\zeta(t) + (I_2 \otimes E^{-1})H(t) \tag{7.17}$$

注意到 $\zeta(t) = \begin{bmatrix} x_0(t) & \zeta_{Fx}^{\mathrm{T}}(t) & v_0(t) & \zeta_{Fv}^{\mathrm{T}}(t) \end{bmatrix}^{\mathrm{T}}, \zeta(t) = \begin{bmatrix} \zeta_{Fx}^{\mathrm{T}}(t) \end{bmatrix}$

$\zeta_{Fv}^{\mathrm{T}}(t) \end{bmatrix}$，则由式(7.17)可得

$$\left. \begin{array}{l} x_0(t+\delta) = x_0(t) + \delta v_0(t) \\ v_0(t+\delta) = v_0(t) \end{array} \right\} \tag{7.18}$$

$$\zeta(t+\delta) = \begin{bmatrix} I_N & \delta I_N \\ -\alpha\delta L^{ff} & I_N - \beta\delta L^{ff} \end{bmatrix} \zeta(t) + (I_2 \otimes I_N) H_F(t) \tag{7.19}$$

式中：$H_F(t) = \begin{bmatrix} h_{Fx}(t) + \delta h_{Fv}(t) \\ h_{Fv}(t) \end{bmatrix} - \begin{bmatrix} h_{Fx}(t+\delta) \\ h_{Fv}(t+\delta) \end{bmatrix} + \begin{bmatrix} 0_N \\ h_{Fa}(t) \end{bmatrix}$。

令

$$\psi_E(t) = (I_2 \otimes E) \begin{bmatrix} x_0(t) & 0_{N\times 1}^{\mathrm{T}}(t) & v_0(t) & 0_{N\times 1}^{\mathrm{T}}(t) \end{bmatrix}^{\mathrm{T}} \tag{7.20}$$

$$\overline{\psi}_E(t) = (I_2 \otimes E) \begin{bmatrix} 0 & \zeta_{Fx}^{\mathrm{T}}(t) & 0 & \zeta_{Fv}^{\mathrm{T}}(t) \end{bmatrix}^{\mathrm{T}} \tag{7.21}$$

由式(7.20)可得

$$\psi_E(t) = (I_2 \otimes 1_N) \begin{bmatrix} x_0(t) v_0(t) \end{bmatrix}^{\mathrm{T}} \tag{7.22}$$

因此，结合式(7.15)、式(7.21)和式(7.22)可得

$$\psi(t) = \psi_E(t) + \overline{\psi}_E(t) \tag{7.23}$$

且 $\psi_E(t)$ 和 $\overline{\psi}_E(t)$ 线性无关。由式(7.11)和式(7.23)可知

$$\overline{\psi}_E(t) = \psi(t) - \psi_E(t) =$$

$$\begin{bmatrix} x(t) \\ v(t) \end{bmatrix} - \begin{bmatrix} h_x(t) \\ h_v(t) \end{bmatrix} - (I_2 \otimes 1_{N+1}) \begin{bmatrix} x_0(t) \\ v_0(t) \end{bmatrix} =$$

$$\begin{bmatrix} 0 \\ x_F(t) - h_{Fx}(t) - 1_N \otimes x_0(t) \\ 0 \\ v_F(t) - h_{Fv}(t) - 1_N \otimes v_0(t) \end{bmatrix} \tag{7.24}$$

式中：$x_F(t) = \begin{bmatrix} x_1(t) \cdots x_N(t) \end{bmatrix}^{\mathrm{T}}, v_F(t) = \begin{bmatrix} v_1(t) \cdots v_N(t) \end{bmatrix}^{\mathrm{T}}$。

由式(7.24)可知，航空集群实现了编队航迹跟踪当且仅当

$$\lim_{t\to\infty} \overline{\psi}_E(t) = 0_{2(N+1)\times 1} \tag{7.25}$$

考虑到矩阵 $I_2 \otimes E$ 的非奇异性，结合式(7.21)可知式(7.25)等价于

$$\lim_{t\to\infty} \zeta(t) = 0_{2N\times 1} \tag{7.26}$$

由定义 7.1 可知，$\zeta(t)$ 表示的是航空集群的编队航迹跟踪误差。由式(7.19)可知，$\lim\limits_{t\to\infty}\zeta(t) = 0_{2N\times 1}$ 的充要条件为式(7.9)渐近稳定且满足

$$\lim_{t\to\infty} H_F(t) = 0_{2N\times 1} \tag{7.27}$$

容易验证式(7.27)等价于式(7.6)。定理7.1证毕。

定理7.1解决了本节开始提出的问题①和②。由定理7.1可知,在控制协议式(7.5)的作用下,并非所有的期望构型都是可实现的。式(7.6)称为期望构型的可行性条件,它表示期望构型的位置、速度和加速度分量必须是相互协调且无矛盾的。不仅如此,该可行性条件还给出了任务规划中设计可行编队的数学准则,可以在任务规划中对期望的构型进行可行性检验。

接下来,在定理7.1的基础上,将进一步研究增益参数和采样周期对航空集群编队航迹跟踪性能的影响,分析控制协议式(7.5)中增益系数和信息跟新周期的约束条件。

定理7.2 假设期望构型满足可行性条件式(7.6),则在控制协议式(7.5)的作用下,具有有限交感拓扑的航空集群能够实现编队航迹跟踪的充要条件为交感拓扑有以虚拟领导者为根节点的生成树且增益系数和信息更新周期满足

$$\left.\begin{aligned}&\alpha\delta^2 - 2\beta\delta + \frac{4\mathrm{Re}(\lambda_i)}{|\lambda_i|^2} > 0 \\ &\beta - \alpha\delta > 0 \\ &[(\alpha\delta^2 - 2\beta\delta)|\lambda_i|^2 + 4\mathrm{Re}(\lambda_i)](\beta - \alpha\delta)^2 - \frac{4\alpha\,\mathrm{Im}^2(\lambda_i)}{|\lambda_i|^2} > 0\end{aligned}\right\} \tag{7.28}$$

式中:$\lambda_i(i \in F)$表示$\boldsymbol{L}^{ff}$的特征值;$\mathrm{Re}(\lambda_i)$和$\mathrm{Im}(\lambda_i)$分别表示λ_i的实部和虚部。

证明:(必要性证明)假设航空集群能够实现编队航迹跟踪,则由定理7.1可知,线性离散时间系统

$$\boldsymbol{\zeta}(t+\delta) = \begin{bmatrix} \boldsymbol{I}_N & \delta\boldsymbol{I}_N \\ -\alpha\delta\boldsymbol{L}^{ff} & \boldsymbol{I}_N - \beta\delta\boldsymbol{L}^{ff} \end{bmatrix}\boldsymbol{\zeta}(t) \stackrel{\text{def}}{=\!=} \overline{\boldsymbol{L}}^{ff}\boldsymbol{\zeta}(t) \tag{7.29}$$

渐近稳定,即$\overline{\boldsymbol{L}}^{ff}$的所有特征值在单位圆内。令$\mu$表示矩阵$\overline{\boldsymbol{L}}^{ff}$的特征值,则有

$$\det\left\|\mu\boldsymbol{I}_{2N} - \begin{bmatrix} \boldsymbol{I}_N & \delta\boldsymbol{I}_N \\ -\alpha\delta\boldsymbol{L}^{ff} & \boldsymbol{I}_N - \beta\delta\boldsymbol{L}^{ff} \end{bmatrix}\right\| =$$
$$\|(\mu-1)^2\boldsymbol{I}_N + [\alpha\delta^2 + \beta\delta(\mu-1)]\boldsymbol{L}^{ff}\| \tag{7.30}$$

由此可得

$$(\mu-1)^2 + \beta\delta\lambda_i(\mu-1) + \alpha\delta^2\lambda_i = 0 \tag{7.31}$$

简单计算可得

$$\mu_{1,2} = 1 + \frac{-\beta\delta\lambda_i \pm \sqrt{(\beta\delta\lambda_i)^2 - 4\alpha\delta^2\lambda_i}}{2} =$$
$$1 + \frac{-\beta\lambda_i \pm \sqrt{(\beta\lambda_i)^2 - 4\alpha\lambda_i}}{2}\delta \tag{7.32}$$

式中:$\lambda_i(i \in F)$表示$\boldsymbol{L}^{ff}$的特征值。

令 $s = \mu - 1$，考虑到 L^{ff} 的所有特征值都在单位圆内，则有 $\mathrm{Re}(s) < 0$，式 (7.32) 可转换为

$$s^2 + \beta\delta\lambda_i s + \alpha\delta^2\lambda_i = 0 \tag{7.33}$$

设 s_1、s_2 表示式 (7.33) 与 λ_i 相关的一对解，则有 $s_1 + s_2 = -\beta\delta\lambda_i$，进而有 $\mathrm{Re}(s_1 + s_2) = -\beta\delta\mathrm{Re}(\lambda_i)$。考虑到 $\beta > 0$ 且 $\delta > 0$，可知 $\mathrm{Re}(\lambda_i) > 0$。由引理 7.2 可知，矩阵 L 有且仅有一个特征值为零，其余 N 个特征值都有正实部。结合引理 7.1 可知，系统的交感拓扑有生成树。由虚拟领导者的定义可知，若交感拓扑有生成树，虚拟领导者必然是根节点。

设 $g(\mu) = (\mu - 1)^2 + \beta\delta\lambda_i(\mu - 1) + \alpha\delta^2\lambda_i$。$L^{ff}$ 的所有特征值都在单位圆内，等价于 $g(\mu)$ 是 Schur 稳定的，即 $g(\mu) = 0$ 所有的根满足 $|\mu| < 1$。令 $\mu = \dfrac{\sigma + 1}{\sigma - 1}$，通过双线性变换可得

$$\theta(\sigma) = (\sigma - 1)^2\left[\left(\frac{\sigma + 1}{\sigma - 1} - 1\right)^2 + \beta\delta\lambda_i\left(\frac{\sigma + 1}{\sigma - 1} - 1\right) + \alpha\delta^2\lambda_i\right] =$$
$$\alpha\delta^2\lambda_i\sigma^2 + 2\lambda_i\delta(\beta - \alpha\delta)\sigma + \alpha\delta^2\lambda_i - 2\beta\delta\lambda_i + 4 \tag{7.34}$$

令

$$\gamma(\sigma) = \frac{\theta(\sigma)}{\alpha\delta^2\lambda_i} = \sigma^2 + \frac{2\delta(\beta - \alpha\delta)}{\alpha\delta^2}\sigma + \frac{\alpha\delta^2\lambda_i - 2\beta\delta\lambda_i + 4}{\alpha\delta^2\lambda_i} \tag{7.35}$$

因此，多项式 $g(\mu)$ 是 Schur 稳定的当且仅当 $\gamma(\sigma)$ 是 Hurwitz 稳定的。设 $\sigma = i\omega(i^2 = -1)$，代入式 (7.35) 可得

$$\gamma(i\omega) = (i\omega)^2 + \frac{2\delta(\beta - \alpha\delta)}{\alpha\delta^2}(i\omega) + \frac{(\alpha\delta^2 - 2\beta\delta)|\lambda_i|^2 + 4\overline{\lambda_i}}{\alpha\delta^2|\lambda_i|^2} \tag{7.36}$$

式中：$\overline{\lambda_i}$ 表示 λ_i 的共轭复数。

令

$$\left.\begin{aligned} m(\omega) &= -\omega^2 + \frac{(\alpha\delta^2 - 2\beta\delta)|\lambda_i|^2 + 4\mathrm{Re}(\lambda_i)}{\alpha\delta^2|\lambda_i|^2} \\ n(\omega) &= \frac{2\delta(\beta - \alpha\delta)}{\alpha\delta^2}\omega - \frac{4\mathrm{Im}(\lambda_i)}{\alpha\delta^2|\lambda_i|^2} \end{aligned}\right\} \tag{7.37}$$

根据 Hermite-Biehler 定理[17] 可知，$\gamma(i\omega)$ 是 Hurwitz 稳定，当且仅当以下条件成立：

(1) $m(\omega) = 0$ 有两个互异的解，分别用 m_1、m_2 表示，不失一般性，假设 $m_1 < m_2$；

(2) $n(\omega) = 0$ 有唯一解 n_1，且满足 $m_1 < n_1 < m_2$；

(3) $m(0)n'(0) - m'(0)n(0) > 0$。

根据条件(1)～(3)，容易证明

$$\left. \begin{aligned} &\Delta = \frac{(\alpha\delta^2 - 2\beta\delta)\mid\lambda_i\mid^2 + 4\mathrm{Re}(\lambda_i)}{\alpha\delta^2\mid\lambda_i\mid^2} > 0 \\ &m_1 < n_1 < m_2 \\ &\frac{(\alpha\delta^2 - 2\beta\delta)\mid\lambda_i\mid^2 + 4\mathrm{Re}(\lambda_i)}{\alpha\delta^2\mid\lambda_i\mid^2} \cdot \frac{2\delta(\beta - \alpha\delta)}{\alpha\delta^2} > 0 \end{aligned} \right\} \quad (7.38)$$

式中

$$m_1 = -\sqrt{\frac{(\alpha\delta^2 - 2\beta\delta)\mid\lambda_i\mid^2 + 4\mathrm{Re}(\lambda_i)}{\alpha\delta^2\mid\lambda_i\mid^2}}$$

$$m_2 = \sqrt{\frac{(\alpha\delta^2 - 2\beta\delta)\mid\lambda_i\mid^2 + 4\mathrm{Re}(\lambda_i)}{\alpha\delta^2\mid\lambda_i\mid^2}}$$

$$n_1 = \frac{2\mathrm{Im}(\lambda_i)}{\mid\lambda_i\mid^2(\beta\delta - \alpha\delta^2)}$$

通过求解式(7.38)的不等式组，可以得到式(7.28)所示的增益系数和信息更新周期约束条件。

（充分性证明）由引理 7.1 可知，若交感拓扑有以虚拟领导者为根节点的生成树，则拉普拉斯矩阵 L 有且仅有一个特征值为零，其余 N 个特征值都具有正实部。结合式(7.6)和引理 7.2，容易验证矩阵 L^{ff} 的所有特征值均具有正实部，即 $\lambda_i \neq 0(i \in I_N)$。进一步由必要性证明过程可知，若参数 α、β、δ 满足式(7.28)给定的约束条件，则必有 $g(\mu) = 0$ 所有的根满足 $\mid\mu\mid < 1$。因此，L^{ff} 的所有特征值都在单位圆内，即式(7.9)所描述的线性离散时间系统稳定。考虑到期望编队满足式(7.6)可行性条件，根据定理 7.1 可知具有有向交感拓扑的航空集群能够实现编队航迹跟踪。定理 7.2 证毕。

定理 7.3 如果期望构型满足式(7.6)所示的可行性条件，则在无向交感拓扑下，航空集群能够实现编队航迹跟踪，当且仅当交感拓扑连通且增益系数和信息更新周期满足以下条件：

$$\left. \begin{aligned} &\lambda_N < \frac{4}{2\beta\delta - \alpha\delta^2} \\ &\delta < \frac{\beta}{\alpha} \end{aligned} \right\} \quad (7.39)$$

式中：λ_N 表示矩阵 L^{ff} 的最大特征值。

如果交感拓扑是无向的，可以证明 L^{ff} 的所有特征值都大于零。因此，由定理 7.2 的证明过程，很容易验证定理 7.3 成立。

定理 7.3 解决了本节开始提出的问题③，即得到了控制协议式(7.5)中的增益系数矩阵 K 和信息更新周期 δ 的耦合约束条件。结果表明，若给定恰当的交感

拓扑和增益 $\boldsymbol{K} = \begin{bmatrix} -\alpha & -\beta \end{bmatrix}$，信息更新周期 δ 的取值范围可由式(7.28)确定。相应的，若给定信息更新周期 δ，也可以通过式(7.28)选择合适的 $\boldsymbol{K}$ 或者设计相应的交感拓扑。

7.1.3　数值仿真及实验验证

由于实验场地的限制，考虑由1个虚拟领导者和5架无人机组成的集群在 XY 平面内运动。仿真和实验中涉及的位置、速度、加速度单位分别为 m、m/s 和 m/s^2。无人机之间的通信拓扑 G 如图7.3(a)所示，显然 G 是有向的并且包含根节点为虚拟领导者的生成树。虚拟领导者的初始位置和速度为 $\boldsymbol{\xi}_0(0) = \begin{bmatrix} 0 & 0 & 1 & 0 \end{bmatrix}^{\mathrm{T}}$，无人机的初始位置和速度为

$$\boldsymbol{\xi}_i(0) = \begin{bmatrix} 12\cos\dfrac{2\pi(i-1)}{5} & 12\sin\dfrac{2\pi(i-1)}{5} & 0 & 0 \end{bmatrix}^{\mathrm{T}} (i = 1,2,\cdots,5) \tag{7.40}$$

图7.3(b)为集群的期望编队，5架无人机围绕虚拟领导者做圆周运动并保持正五边形，该构型可用于集群协同目标识别、定位等。其具体参数为

$$\left. \begin{aligned} \boldsymbol{h}_{ix}(0) &= \begin{bmatrix} 10\cos\dfrac{2\pi(i-1)}{5} & 10\sin\dfrac{2\pi(i-1)}{5} \end{bmatrix}^{\mathrm{T}} \\ \boldsymbol{h}_{iv}(t) &= \begin{bmatrix} -\dfrac{\pi}{3}\sin\left(\dfrac{2\pi t}{60} + \dfrac{2\pi(i-1)}{5}\right) & \dfrac{\pi}{3}\cos\left(\dfrac{2\pi t}{60} + \dfrac{2\pi(i-1)}{5}\right) \end{bmatrix}^{\mathrm{T}} \end{aligned} \right\} \tag{7.41}$$

结合定理7.2给出的编队可行性条件，可令

$$\left. \begin{aligned} \boldsymbol{h}_{ix}(t+\delta) - \boldsymbol{h}_{ix}(t) - \delta\boldsymbol{h}_{iv}(t) &= \boldsymbol{0} \\ \boldsymbol{h}_{iv}(t+\delta) - \boldsymbol{h}_{iv}(t) - \delta\boldsymbol{h}_{ia}(t) &= \boldsymbol{0} \end{aligned} \right\} \tag{7.42}$$

代入初始条件，通过迭代，可以求出任意时刻的期望编队。

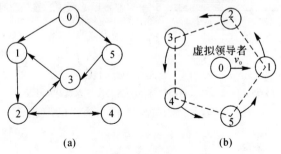

(a) 　　　　　　　(b)

图7.3　通信拓扑和期望队形

(a)有向通信拓扑结构；(b)期望的编队队形

令 $\alpha=0.5,\beta=1.0$,并代入不等式组(7.28),计算可得信息更新周期 δ 的约束条件为 $\delta<0.84$ s。为了兼顾系统稳定时间和通信代价,本节取 $\delta=0.5$ s。图7.4(a)(b)分别表示仿真和实验中无人机的运动轨迹,其中正方形和圆圈分别表示无人机在初始和结束时刻的位置。图7.5(a)(b)分别为仿真和实验过程中无人机的速度随时间的变化曲线。图7.6(a)(b)分别为仿真和实验中编队航迹跟踪误差随时间的变化曲线,可以看出由于存在传感器误差、通信时延及外部干扰等,实验结果存在一定的误差,但在可接受的范围内。图7.7展示了无人机在编队航迹跟踪飞行过程中的现场照片。从图7.4~图7.7可以看出,在仿真和实验中,5架无人机都生成并保持了期望的时变编队,同时还实现了对预定航迹的跟踪,验证了理论分析的正确性和有效性。

在文献[18]中,信息更新周期 $\delta=0.1$ s,远小于本节采用的 $\delta=0.5$ s。这主要是由于采用了连续时间系统模型,无法定量确定增益参数与信息更新周期之间的耦合约束关系,作者在参数的选择上趋于保守。两者对比,本节所提出的方法能够大大减少通信量,这意味着相同的通信带宽能够满足更大的集群规模,一定规模的集群可以具有更低的通信带宽需求。此外,还可以基于此实现对集群规模和通信网络带宽的适配性进行定量分析,具有重要的现实意义。

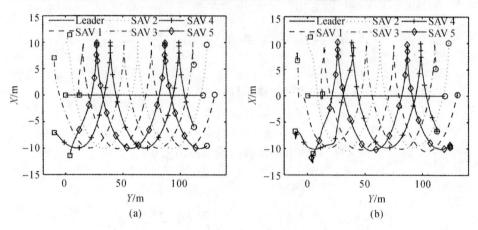

图 7.4　无人机的运动轨迹

(a)仿真中无人机的运动轨迹;(b)实验中无人机的运动轨迹

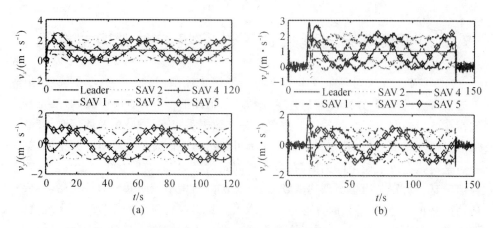

图 7.5　无人机的运动速度曲线
(a)仿真中无人机的速度变化曲线；(b)实验中无人机的速度变化曲线

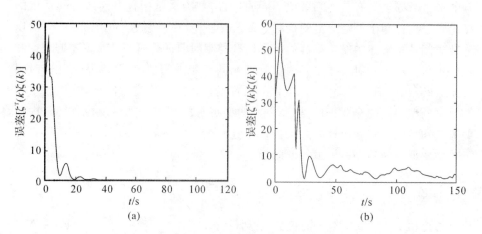

图 7.6　编队航迹跟踪误差
(a)仿真中的误差变化曲线；(b)实验中的误差变化曲线

图 7.7　5 机编队飞行实验现场照片

7.2 一致有界时延条件下航空集群时变构型控制

7.1节研究了无时延条件下的空间构型演化控制问题。在实际系统中,由于通信带宽的限制、数据传输的冗余性和通信链路的不对称性等,通信时延是普遍存在的。航空集群交感网络的主要指标有数据丢包率、吞吐量及通信时延等。从信息传输角度分析,丢包率和吞吐量都可归结为通信时延的影响。其中,数据丢包是时延超过了设定的阈值;在数据量固定的情况下,数据吞吐量也直接影响通信时延。特别是当集群到达战场后,任务协同与构型控制共用通信网络,需要传输的数据量增加,通信时延会进一步增大。针对存在时延的连续时间系统,已有大量文献进行了研究,取得了许多有意义的成果和结论。然而,由于离散时间系统迭代过程的累积误差、信息交互和控制器更新的周期性等原因,使得通信时延的产生和影响具有与连续系统不同的特性,现有文献中针对连续时间系统的结论难以直接用于航空集群的控制。因此,进一步在考虑通信时延条件下,对以离散时间系统描述的航空集群的空间构型控制问题进行研究具有重要的理论和实用价值。本节针对个体之间通信时延相同或相近的情况,采用基于驻留时间(dwell time)的信息处理方法,将非一致时延转化为一致定常时延,分析航空集群空间构型稳定的充要条件、期望空间构型可行的判定条件以及控制协议中相关参数和控制器更新周期的约束条件,解决存在通信时延和有向通信拓扑条件下航空集群空间构型的生成控制问题。

7.2.1 问题描述

考虑由 N 架 SAV 组成的集群,编号为 $1, 2, \cdots, N$,令集合 $I_N = \{1, \cdots, N\}$。在编队控制层,将每架 SAV 视为一个质点,其动力学特性采用基于差分近似的二阶离散时间系统模型描述为

$$\left.\begin{aligned} \boldsymbol{x}_i(t+\delta) &= \boldsymbol{x}_i(t) + \delta \boldsymbol{v}_i(t) \\ \boldsymbol{v}_i(t+\delta) &= \boldsymbol{v}_i(t) + \delta \boldsymbol{u}_i(t) \end{aligned}\right\} \tag{7.43}$$

式中: $\boldsymbol{x}_i(t) \in \mathbf{R}^n$, $\boldsymbol{v}_i(t) \in \mathbf{R}^n$, $\boldsymbol{u}_i(t) \in \mathbf{R}^n$ 分别表示SAV$_i$($i \in I_N$)的位置、速度、控制输入。$\delta > 0$ 表示状态更新周期,状态更新时刻 $t \geqslant 0$ 可表示为 $t = t_0 + q\delta$,其中 $t_0 \geqslant 0$ 为初始时刻,$q = 1, 2, \cdots$。$n \geqslant 1$ 表示无人机运动空间的维数,为便于描述,以一维运动($n = 1$)进行分析。假定无人机三维运动相互解耦,所得结论可以通过 Kronecker 积直接扩展到二维平面及三维空间。

期望的时变编队可用一组有界函数描述为

$$\left.\begin{array}{l} \boldsymbol{h}_x(t) = \begin{bmatrix} \boldsymbol{h}_{1x}^{\mathrm{T}}(t) & \cdots & \boldsymbol{h}_{Nx}^{\mathrm{T}}(t) \end{bmatrix}^{\mathrm{T}} \\ \boldsymbol{h}_v(t) = \begin{bmatrix} \boldsymbol{h}_{1v}^{\mathrm{T}}(t) & \cdots & \boldsymbol{h}_{Nv}^{\mathrm{T}}(t) \end{bmatrix}^{\mathrm{T}} \\ \boldsymbol{h}_a(t) = \begin{bmatrix} \boldsymbol{h}_{1a}^{\mathrm{T}}(t) & \cdots & \boldsymbol{h}_{Na}^{\mathrm{T}}(t) \end{bmatrix}^{\mathrm{T}} \end{array}\right\} \tag{7.44}$$

式中：$\boldsymbol{h}_x(t)$、$\boldsymbol{h}_v(t)$、$\boldsymbol{h}_a(t)$ 称为编队参考向量，$\boldsymbol{h}_{ix}(t)$、$\boldsymbol{h}_{iv}(t)$、$\boldsymbol{h}_{ia}(t)$ 分别表示 SAV$_i$ 的编队参考位置、速度和加速度。令 $\boldsymbol{h}_i(t) = \begin{bmatrix} \boldsymbol{h}_{ix}(t) & \boldsymbol{h}_{iv}(t) \end{bmatrix}^{\mathrm{T}}$，$\boldsymbol{\xi}_i(t) = \begin{bmatrix} \boldsymbol{x}_i(t) & \boldsymbol{v}_i(t) \end{bmatrix}^{\mathrm{T}}$，$\boldsymbol{h}(t) = \begin{bmatrix} \boldsymbol{h}_x^{\mathrm{T}}(t) & \boldsymbol{h}_v^{\mathrm{T}}(t) \end{bmatrix}^{\mathrm{T}}$。

定义 7.2　称航空集群实现了期望编队 $\boldsymbol{h}(t)$，当且仅当对任意 $i , j \in I_N$，$i \neq j$，有下式成立：

$$\lim_{t \to \infty} \left\{ \left[\boldsymbol{\xi}_i(t) - \boldsymbol{h}_i(t) \right] - \left[\boldsymbol{\xi}_j(t) - \boldsymbol{h}_j(t) \right] \right\} = \boldsymbol{0} \tag{7.45}$$

向量 $\boldsymbol{h}_i(t)$ 描述的是期望的编队状态，而不是每架无人机的参考轨迹，即 $\boldsymbol{h}_i(t)$ 只给出了 $\boldsymbol{\xi}_i(t)$ 相对于各自参考点的偏移矢量。虽然航空集群最终将实现相对于某个参考点的时变编队，但这个参考点对所有 SAV$_i$ 都是未知的，这是与集中式编队控制方法所不同的。当 $\boldsymbol{h}_i(t) \equiv \boldsymbol{0}$ 时，编队控制问题转化为一致性控制问题。

定义 7.3　如果对任意有界初始条件和 $i \in I_N$，存在控制输入 $\boldsymbol{u}_i(t)$，使得航空集群能够实现期望编队 $\boldsymbol{h}(t)$，则称 $\boldsymbol{h}(t)$ 在控制协议 $\boldsymbol{u}_i(t)$ 的作用下是可行的。

假设每架 SAV 能够获取本机的实时状态信息，通信时延仅存在于 SAV 之间实际交互的信息中，且不考虑数据丢包（SAV 数据丢包时可以重新传输数据）。SAV 之间的通信时延在不同条件下可能存在较大差别，即时延具有时变性和非一致性，直接在非一致时变时延条件下进行空间构型控制问题分析非常困难。为此，设计基于驻留时间（dwell time）的通信时延处理策略，将非一致时变时延转化为一致定常时延进行处理，如图 7.8(a) 所示。每架 SAV 将自身状态的采样信息和采样时间一起封装并发送给邻接 SAV；接收到信息的 SAV 通过数据缓存器来存储邻接个体发来的数据，并根据数据的采样时刻和时延上限设置一定的驻留时间。设 SAV$_i$ 接收到 SAV$_j$ 信息的时延为 τ_{ij}，令 $\tau_{\max} = \max\{\tau_{ij} : i \in I_N, j \in N_i\}$ 表示时延上限。当 $\tau_{ij} < \tau_{\max}$ 时，接收到的数据将被强制驻留一段时间 $\tau_0 (\tau_0 \geqslant \tau_{\max})$，使得延迟达到上界。此时，不同个体之间的非一致时变时延即被转化为一致定常时延，从而所有 SAV 在同一时刻的采样数据被同步应用到控制器的更新中。

考虑到在离散时间系统中，其控制器只在固定时刻周期性的更新，因此可令驻留时间

$$\tau_0 = \hbar \delta \tag{7.46}$$

式中：$\hbar$ 为 $\tau_{\max}/\delta$ 向上取整。显然，对离散时间系统，其通信时延至少为 1 个采

样周期,即 $h \geqslant 1$。

图 7.8(b)给出了 $h = 2$ 的情况,从图中可以看到,SAV_j 和 SAV_k 在 t_0 时刻的采样数据在 $t_0 + 2\delta$ 时刻被用于 SAV_i 的控制器更新。虽然基于驻留时间的时延处理方法具有一定的保守性,但是当直接对非一致时变时延进行处理存在困难时,该方法也不失为降低问题分析难度的有效方法。

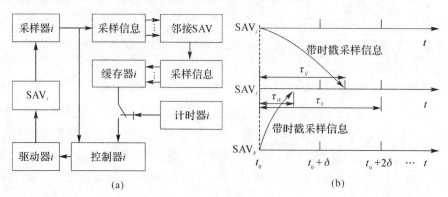

图 7.8 航空集群中的通信时延

(a)非一致时变时延处理策略;(b)离散时间系统中的通信时延

为控制航空集群生成期望的编队,利用 SAV 自身实时信息和相邻无人机带时延的状态信息,设计如下基于一致性方法的分布式控制协议:

$$u_i(t) = \frac{\boldsymbol{K}}{\sum\limits_{j \in N_i} a_{ij}} \sum_{j=1}^{N} a_{ij} \left\{ \boldsymbol{\xi}_i(t) - \boldsymbol{h}_i(t) - \left[\boldsymbol{\xi}_j(t - \tau_0) - \boldsymbol{h}_j(t - \tau_0) \right] \right\} + \boldsymbol{h}_{ia}(t)$$

(7.47)

式中:$\boldsymbol{K} = \begin{bmatrix} -\alpha & -\beta \end{bmatrix}(\alpha, \beta > 0)$ 为待设计控制参数。

为方便分析和叙述,令 $a'_{ij} = a_{ij} / \sum\limits_{j \in N_i} a_{ij}$,$\boldsymbol{A}' = \begin{bmatrix} a'_{ij} \end{bmatrix}_{N \times N}$,并对 $\boldsymbol{A}'$ 作如下划分:

$$\boldsymbol{A}' = \begin{bmatrix} a'_{11} & \cdots & a'_{1N} \\ \vdots & & \vdots \\ a'_{N1} & \cdots & a'_{NN} \end{bmatrix} = \begin{bmatrix} \boldsymbol{A}'_{11} & \boldsymbol{A}'_{01} \\ \boldsymbol{A}'_{10} & \boldsymbol{A}'_{11} \end{bmatrix}$$

(7.48)

7.2.2 控制协议设计及主要结论

本节主要对时变编队控制系统在存在通信时延下的稳定性进行分析,得到系统稳定的充要条件及在控制协议式(7.47)作用下编队 $\boldsymbol{h}(t)$ 可行的判定条件,并给出相关参数的约束条件和设计方法。

为便于后文分析与表达,令

$$
\begin{cases}
\boldsymbol{\psi}_{ix}(t) = \boldsymbol{x}_i(t) - \boldsymbol{h}_{ix}(t) \\
\boldsymbol{\psi}_{iv}(t) = \boldsymbol{v}_i(t) - \boldsymbol{h}_{iv}(t) \\
\boldsymbol{\psi}_i(t) = \begin{bmatrix} \boldsymbol{\psi}_{ix}^{\mathrm{T}}(t) & \boldsymbol{\psi}_{iv}^{\mathrm{T}}(t) \end{bmatrix}^{\mathrm{T}} \\
\boldsymbol{\zeta}_{ix}(t) = \boldsymbol{\psi}_{ix}(t) - \boldsymbol{\psi}_{1x}(t) \\
\boldsymbol{\zeta}_{iv}(t) = \boldsymbol{\psi}_{iv}(t) - \boldsymbol{\psi}_{1v}(t) \\
\boldsymbol{\zeta}_{Fx}(t) = \begin{bmatrix} \boldsymbol{\zeta}_{2x}^{\mathrm{T}}(t) & \cdots & \boldsymbol{\zeta}_{Nx}^{\mathrm{T}}(t) \end{bmatrix}^{\mathrm{T}} \\
\boldsymbol{\zeta}_{Fv}(t) = \begin{bmatrix} \boldsymbol{\zeta}_{2v}^{\mathrm{T}}(t) & \cdots & \boldsymbol{\zeta}_{Nv}^{\mathrm{T}}(t) \end{bmatrix}^{\mathrm{T}} \\
\boldsymbol{\zeta}(t) = \begin{bmatrix} \boldsymbol{\zeta}_{Fx}^{\mathrm{T}}(t) & \boldsymbol{\zeta}_{Fv}^{\mathrm{T}}(t) \end{bmatrix}^{\mathrm{T}}
\end{cases}
$$

基于以上记法,控制协议式(7.47)可转换为

$$
\boldsymbol{u}_i(t) = \frac{\boldsymbol{K}}{\displaystyle\sum_{j \in N_i} a_{ij}} \sum_{j=1}^{N} a_{ij} \big[\boldsymbol{\psi}_i(t) - \boldsymbol{\psi}_j(t-\tau_0) \big] + \boldsymbol{h}_{ia}(t) =
$$

$$
- \frac{1}{\displaystyle\sum_{j \in N_i} a_{ij}} \sum_{j=1}^{N} a_{ij} \{ \alpha \big[\boldsymbol{\psi}_{ix}(t) - \boldsymbol{\psi}_{jx}(t-\tau_0) \big] + \beta \big[\boldsymbol{\psi}_{iv}(t) - \boldsymbol{\psi}_{jv}(t-\tau_0) \big] \} + \boldsymbol{h}_{ia}(t)
$$

$$
\tag{7.49}
$$

定理 7.4　在通信时延和有向通信拓扑条件下,航空集群系统式(7.43)能够在控制协议式(7.47)的作用下,实现时变编队 $\boldsymbol{h}(t)$,当且仅当 $\boldsymbol{h}(t)$ 满足可行条件

$$
\left.
\begin{aligned}
\lim_{t \to \infty} \big[\boldsymbol{h}_{ix}(t) + \delta \boldsymbol{h}_{iv}(t) - \boldsymbol{h}_{ix}(t+\delta) \big] - \big[\boldsymbol{h}_{jx}(t) + \delta \boldsymbol{h}_{jv}(t) - \boldsymbol{h}_{jx}(t+\delta) \big] = \boldsymbol{0} \\
\lim_{t \to \infty} \big[\boldsymbol{h}_{iv}(t) + \delta \boldsymbol{h}_{ia}(t) - \boldsymbol{h}_{iv}(t+\delta) \big] - \big[\boldsymbol{h}_{jv}(t) + \delta \boldsymbol{h}_{ja}(t) - \boldsymbol{h}_{jv}(t+\delta) \big] = \boldsymbol{0}
\end{aligned}
\right\}
$$

$$
\tag{7.50}
$$

且离散时间系统式(7.50)渐近稳定时,有

$$
\boldsymbol{\zeta}(t+\delta) = \begin{bmatrix} \boldsymbol{I}_{N-1} & \delta \boldsymbol{I}_{N-1} \\ -\alpha\delta \boldsymbol{I}_{N-1} & (1-\beta\delta) \boldsymbol{I}_{N-1} \end{bmatrix} \boldsymbol{\zeta}(t) + \begin{bmatrix} \boldsymbol{0} & \boldsymbol{0} \\ \alpha\delta\boldsymbol{C} & \beta\delta\boldsymbol{C} \end{bmatrix} \boldsymbol{\zeta}(t-\tau_0)
$$

$$
\tag{7.51}
$$

式中: $\boldsymbol{C} = \boldsymbol{A}'_{11} - \boldsymbol{1}_{N-1} \boldsymbol{A}'_{01}$, $\boldsymbol{A}'_{11}$ 和 $\boldsymbol{A}'_{01}$ 的定义由式(7.46)给出。

证明:将式(7.48)代入式(7.43),则航空集群系统可以表示为

$$
\left.
\begin{aligned}
\boldsymbol{\psi}_x(t+\delta) &= \boldsymbol{\psi}_x(t) + \delta \boldsymbol{\psi}_v(t) + \boldsymbol{h}_x(t) - \boldsymbol{h}_x(t+\delta) + \delta \boldsymbol{h}_v(t) \\
\boldsymbol{\psi}_v(t+\delta) &= -\alpha\delta \boldsymbol{\psi}_x(t) + \alpha\delta\boldsymbol{A}' \boldsymbol{\psi}_x(t-\tau_0) + (1-\beta\delta) \boldsymbol{\psi}_v(t) + \\
&\quad \beta\delta\boldsymbol{A}' \boldsymbol{\psi}_v(t-\tau_0) + \boldsymbol{h}_v(t) - \boldsymbol{h}_v(t+\delta) + \delta \boldsymbol{h}_a(t)
\end{aligned}
\right\}
$$

$$
\tag{7.52}
$$

定义 $\boldsymbol{E} = \begin{bmatrix} 1 & \boldsymbol{0} \\ \boldsymbol{1}_{N-1} & \boldsymbol{I}_{N-1} \end{bmatrix}$，$\boldsymbol{E}^{-1} = \begin{bmatrix} 1 & \boldsymbol{0} \\ -\boldsymbol{1}_{N-1} & \boldsymbol{I}_{N-1} \end{bmatrix}$，$\bar{e} = \boldsymbol{1}_N$，$\bar{\boldsymbol{E}} = \begin{bmatrix} \boldsymbol{0} \\ \boldsymbol{I}_{N-1} \end{bmatrix}$，$\tilde{e} = \begin{bmatrix} 1 & \boldsymbol{0} \end{bmatrix}$，$\tilde{\boldsymbol{E}} = \begin{bmatrix} -\boldsymbol{1}_{N-1} & \boldsymbol{I}_{N-1} \end{bmatrix}$。

令 $\boldsymbol{\zeta}_x(t) = \boldsymbol{E}^{-1}\boldsymbol{\psi}_x(t)$，$\boldsymbol{\zeta}_v(t) = \boldsymbol{E}^{-1}\boldsymbol{\psi}_v(t)$，则 $\boldsymbol{\psi}_x(t) = \boldsymbol{E}\boldsymbol{\zeta}_x(t)$，$\boldsymbol{\psi}_v(t) = \boldsymbol{E}\boldsymbol{\zeta}_v(t)$。由式（7.51）可得

$$
\left.\begin{aligned}
\boldsymbol{E}\boldsymbol{\zeta}_x(t+\delta) &= \boldsymbol{E}\boldsymbol{\zeta}_x(t) + \delta\boldsymbol{E}\boldsymbol{\zeta}_v(t) + \boldsymbol{h}_x(t) - \boldsymbol{h}_x(t+\delta) + \delta\boldsymbol{h}_v(t) \\
\boldsymbol{E}\boldsymbol{\zeta}_v(t+\delta) &= -\alpha\delta\boldsymbol{E}\boldsymbol{\zeta}_x(t) + \alpha\delta\boldsymbol{A}'\boldsymbol{E}\boldsymbol{\zeta}_x(t-\tau_0) + \\
&\quad (1-\beta\delta)\boldsymbol{E}\boldsymbol{\zeta}_v(t) + \beta\delta\boldsymbol{A}'\boldsymbol{E}\boldsymbol{\zeta}_v(t-\tau_0) + \\
&\quad \boldsymbol{h}_v(h) - \boldsymbol{h}_v(t+\delta) + \delta\boldsymbol{h}_a(t)
\end{aligned}\right\} \quad (7.53)
$$

将式（7.52）两边同时左乘 $\boldsymbol{E}^{-1}$ 可得

$$
\left.\begin{aligned}
\boldsymbol{\zeta}_x(t+\delta) &= \boldsymbol{\zeta}_x(t) + \delta\boldsymbol{\zeta}_v(t) + \boldsymbol{E}^{-1}[\boldsymbol{h}_x(t) - \boldsymbol{h}_x(t+\delta) + \delta\boldsymbol{h}_v(t)] \\
\boldsymbol{\zeta}_v(t+\delta) &= -\alpha\delta\boldsymbol{\zeta}_x(t) + \alpha\delta\boldsymbol{E}^{-1}\boldsymbol{A}'\boldsymbol{E}\boldsymbol{\zeta}_x(t-\tau_0) + \\
&\quad (1-\beta\delta)\boldsymbol{\zeta}_v(t) + \beta\delta\boldsymbol{E}^{-1}\boldsymbol{A}'\boldsymbol{E}\boldsymbol{\zeta}_v(t-\tau_0) + \\
&\quad \boldsymbol{E}^{-1}[\boldsymbol{h}_v(h) - \boldsymbol{h}_v(t+\delta) + \delta\boldsymbol{h}_a(t)]
\end{aligned}\right\} \quad (7.54)
$$

注意到

$$
\boldsymbol{E}^{-1}\boldsymbol{A}'\boldsymbol{E} = \begin{bmatrix} 1 & \boldsymbol{A}'_{01} \\ \boldsymbol{0} & \boldsymbol{A}'_{11} - \boldsymbol{1}_{N-1}\boldsymbol{A}'_{01} \end{bmatrix} \quad (7.55)
$$

并令 $\boldsymbol{C} = \boldsymbol{A}'_{11} - \boldsymbol{1}_{N-1}\boldsymbol{A}'_{01}$，由式（7.53）和式（7.54）可得

$$
\left.\begin{aligned}
\boldsymbol{\zeta}_{Fx}(t+\delta) &= \boldsymbol{\zeta}_{Fx}(t) + \delta\boldsymbol{\zeta}_{Fv}(t) + \tilde{\boldsymbol{E}}[\boldsymbol{h}_x(t) - \boldsymbol{h}_x(t+\delta) + \delta\boldsymbol{h}_v(t)] \\
\boldsymbol{\zeta}_{Fv}(t+\delta) &= -\alpha\delta\boldsymbol{\zeta}_{Fx}(t) + (1-\beta\delta)\boldsymbol{\zeta}_{Fv}(t) + \alpha\delta\boldsymbol{C}\boldsymbol{\zeta}_{Fx}(t-\tau_0) + \\
&\quad \beta\delta\boldsymbol{C}\boldsymbol{\zeta}_{Fv}(t-\tau_0) + \tilde{\boldsymbol{E}}[\boldsymbol{h}_v(t) - \boldsymbol{h}_v(t+\delta) + \delta\boldsymbol{h}_a(t)]
\end{aligned}\right\}
$$
$$
(7.56)
$$

即

$$
\boldsymbol{\zeta}(t+\delta) = \begin{bmatrix} \boldsymbol{I}_{N-1} & \delta\boldsymbol{I}_{N-1} \\ -\alpha\delta\boldsymbol{I}_{N-1} & (1-\beta\delta)\boldsymbol{I}_{N-1} \end{bmatrix}\boldsymbol{\zeta}(t) + \begin{bmatrix} \boldsymbol{0} & \boldsymbol{0} \\ \alpha\delta\boldsymbol{C} & \beta\delta\boldsymbol{C} \end{bmatrix}\boldsymbol{\zeta}(t-\tau_0) +
$$
$$
(\boldsymbol{I}_2 \otimes \tilde{\boldsymbol{E}})\begin{bmatrix} \boldsymbol{h}_x(t) - \boldsymbol{h}_x(t+\delta) + \delta\boldsymbol{h}_v(t) \\ \boldsymbol{h}_v(t) - \boldsymbol{h}_v(t+\delta) + \delta\boldsymbol{h}_a(t) \end{bmatrix} \quad (7.57)
$$

由定义 7.2 可知，$\boldsymbol{\zeta}(t)$ 表示的是集群编队的相对误差，即如果集群能够实现编队 $\boldsymbol{h}(t)$，则对任意初始条件，有 $\boldsymbol{\zeta}(t) \to \boldsymbol{0}(t \to \infty)$ 成立。由式（7.56）可知，$\boldsymbol{\zeta}(t) \to \boldsymbol{0}(t \to \infty)$ 成立当且仅当式（7.50）渐近稳定且

$$
\lim_{t\to\infty}(\boldsymbol{I}_2 \otimes \tilde{\boldsymbol{E}})\left[\begin{bmatrix} \boldsymbol{h}_x(t) + \delta\boldsymbol{h}_v(t) \\ \boldsymbol{h}_v(t) \end{bmatrix} - \begin{bmatrix} \boldsymbol{h}_x(t+\delta) \\ \boldsymbol{h}_v(t+\delta) \end{bmatrix} + \begin{bmatrix} \boldsymbol{0}_{N+1} \\ \delta\boldsymbol{h}_a(t) \end{bmatrix}\right] = \boldsymbol{0} \quad (7.58)
$$

将 $\tilde{\boldsymbol{E}}$ 代入式(7.57)可得

$$\left.\begin{array}{l} \lim\limits_{t\to\infty}\left[\boldsymbol{h}_{ix}(t)+\delta\boldsymbol{h}_{iv}(t)-\boldsymbol{h}_{ix}(t+\delta)\right]-\left[\boldsymbol{h}_{1x}(t)+\delta\boldsymbol{h}_{1v}(t)-\boldsymbol{h}_{1x}(t+\delta)\right]=\boldsymbol{0} \\ \lim\limits_{t\to\infty}\left[\boldsymbol{h}_{iv}(t)+\delta\boldsymbol{h}_{ia}(t)-\boldsymbol{h}_{iv}(t+\delta)\right]-\left[\boldsymbol{h}_{1v}(t)+\delta\boldsymbol{h}_{1a}(t)-\boldsymbol{h}_{1v}(t+\delta)\right]=\boldsymbol{0} \end{array}\right\}$$

$$(7.59)$$

由于航空集群内部的编号是随机的,因此容易验证式(7.58)等价于式(7.49)。

式(7.49)称为期望编队的可行条件,给出了在控制协议式(7.47)作用下,航空集群能够实现的编队 $\boldsymbol{h}(t)$ 应满足的约束。式(7.50)的渐近稳定使得集群编队误差趋于 0,集群最终形成期望的编队。

接下来研究控制协议中相关参数的约束条件和设计方法。为便于描述与分析,令

$$\boldsymbol{H}=\begin{bmatrix} \boldsymbol{I}_{N-1} & \delta\boldsymbol{I}_{N-1} \\ -\alpha\delta\boldsymbol{I}_{N-1} & (1-\beta\delta)\boldsymbol{I}_{N-1} \end{bmatrix}, \quad \boldsymbol{P}=\begin{bmatrix} \boldsymbol{0} & \boldsymbol{0} \\ \alpha\boldsymbol{C} & \beta\boldsymbol{C} \end{bmatrix}$$

引理 7.3　若 $\alpha、\beta、\delta>0$ 满足以下任意一组不等式组,即

$$\left.\begin{array}{l} \beta^2-4\alpha\geqslant 0 \\ 0<\beta\delta\leqslant 2 \end{array}\right\} \tag{7.60a}$$

$$\left.\begin{array}{l} \beta^2-4\alpha\geqslant 0 \\ 2<\beta\delta<4 \\ \alpha\delta^2-2\beta\delta+4>0 \end{array}\right\} \tag{7.60b}$$

$$\left.\begin{array}{l} \beta^2-4\alpha<0 \\ \alpha\delta-\beta<0 \end{array}\right\} \tag{7.60c}$$

则矩阵 $\boldsymbol{H}$ 的谱半径 $\rho(\boldsymbol{H})<1$。

证明:设 λ 为矩阵 $\boldsymbol{H}$ 的特征值,即

$$\det(\lambda\boldsymbol{I}_{2(N-1)}-\boldsymbol{H})=\det\begin{pmatrix} (\lambda-1)\boldsymbol{I}_{N-1} & -\delta\boldsymbol{I}_{N-1} \\ \alpha\delta\boldsymbol{I}_{N-1} & (\lambda-1+\beta\delta)\boldsymbol{I}_{N-1} \end{pmatrix}=0 \tag{7.61}$$

情形 Ⅰ:如果 $\lambda=1$,则由式(7.61)可得

$$\det(\lambda\boldsymbol{I}_{2(N-1)}-\boldsymbol{H})=\alpha\delta^2=0 \tag{7.62}$$

与 $\alpha、\beta、\delta>0$ 矛盾,因此 $\lambda\neq 1$。

情形 Ⅱ:如果 $\lambda\neq 1$,则由式(7.61)可得

$$\det(\lambda\boldsymbol{I}_{2(N-1)}-\boldsymbol{H})=\lambda^2+(\beta\delta-2)\lambda+\alpha\delta^2-\beta\delta+1=0 \tag{7.63}$$

从而有 $\lambda_{1,2}=\dfrac{2-\beta\delta\pm\sqrt{(\beta^2-4\alpha)\delta^2}}{2}$。

(1)当 $\beta^2-4\alpha\geqslant 0$ 时,由谱半径的定义可知,$\rho(\boldsymbol{H})<1$ 当且仅当

$$\max\left(\left|\frac{2-\beta\delta\pm\sqrt{(\beta^2-4\alpha)\delta^2}}{2}\right|\right)<1 \tag{7.64}$$

由式(7.63)可得 α、β、$\delta>0$ 满足式(7.60a)或式(7.60b)。

(2)当 $\beta^2-4\alpha<0$ 时,易知

$$\rho^2(\boldsymbol{H})=\alpha\delta^2-\beta\delta+1 \tag{7.65}$$

因此,$\rho(\boldsymbol{H})<1$ 当且仅当 α、β、$\delta>0$ 满足式(7.60c)。

引理 7.4 如果 $\rho(\boldsymbol{H})<1$,则存在常数 $M\geqslant 1$,$\gamma\in(0,1)$ 及某种矩阵范数 $\|\cdot\|_M$,使得 $\|\boldsymbol{H}\|_M^{t-t_0}\leqslant M\gamma^{t-t_0}$,$t\geqslant t_0$。

证明:只须证明存在矩阵范数 $\|\cdot\|_M$,使得 $\|\boldsymbol{H}\|_M<1$,并取 $\gamma\in[\|\boldsymbol{H}\|_M,1)$ 即可。存在非奇异矩阵 $\boldsymbol{R}$,使得 $\boldsymbol{R}^{-1}\boldsymbol{H}\boldsymbol{R}=\boldsymbol{J}$,其中,$\boldsymbol{J}$ 为矩阵 $\boldsymbol{H}$ 的 Jordan 标准型。令

$$\boldsymbol{\Gamma}=\mathrm{diag}(\lambda_1,\cdots,\lambda_{2N-2})$$

$$\tilde{\boldsymbol{I}}=\begin{bmatrix}0 & \sigma_1 & & \\ & 0 & \ddots & \\ & & \ddots & \sigma_{2N-3} \\ & & & 0\end{bmatrix}(\sigma_i=0\text{ 或 }1)$$

则有 $\boldsymbol{J}=\boldsymbol{\Gamma}+\tilde{\boldsymbol{I}}$。

对任意 $\varepsilon>0$,令 $\boldsymbol{D}=\mathrm{diag}(1,\varepsilon,\cdots,\varepsilon^{2N-3})$,则有

$$(\boldsymbol{RD})^{-1}\boldsymbol{H}(\boldsymbol{RD})=\boldsymbol{D}^{-1}\boldsymbol{JD}=\boldsymbol{\Gamma}+\varepsilon\tilde{\boldsymbol{I}} \tag{7.66}$$

由式(7.66)可得

$$\|(\boldsymbol{RD})^{-1}\boldsymbol{H}(\boldsymbol{RD})\|_1=\|\boldsymbol{\Gamma}+\varepsilon\tilde{\boldsymbol{I}}\|_1\leqslant\rho(\boldsymbol{H})+\varepsilon \tag{7.67}$$

式中:$\|\cdot\|_1$ 表示矩阵的列和范数。

容易验证 $\|\boldsymbol{H}\|_M=\|(\boldsymbol{RD})^{-1}\boldsymbol{H}(\boldsymbol{RD})\|_1$ 是矩阵范数,于是可得

$$\|\boldsymbol{H}\|_M\leqslant\rho(\boldsymbol{H})+\varepsilon \tag{7.68}$$

由于 $\rho(\boldsymbol{H})<1$,取 $\varepsilon=1/2[1-\rho(\boldsymbol{H})]>0$,代入式(7.68)可得

$$\|\boldsymbol{H}\|_M\leqslant\rho(\boldsymbol{H})+\varepsilon=1/2[1+\rho(\boldsymbol{H})]<1 \tag{7.69}$$

即引理 7.4 成立。

需要指出的是,引理 7.4 只是表明了参数 γ、M 及矩阵范数 $\|\cdot\|_M$ 的存在性,所构造的范数 $\|\cdot\|_M$ 与给定的矩阵 $\boldsymbol{H}$ 密切相关。因此,当参数变化时,需要重新构造范数 $\|\cdot\|_M$。

引理 7.5 如果 $1-\gamma-l>0$,则不等式 $\theta^{\tau_0+\delta}-\gamma\theta^{\tau_0}-l>0$ 至少存在一个解 θ,$\theta\in(\gamma,1)$。

引理 7.6 如果 G 有生成树,则当 $t\to+\infty$,式(7.50)有唯一平衡点 0,即

$\lim\limits_{t\to\infty}\boldsymbol{\zeta}(t)=\boldsymbol{0}$。

证明：当 $t\to+\infty$，式(7.51)等价于

$$\lim_{t\to\infty}\{(\boldsymbol{I}_{2(N-1)}-\boldsymbol{H}-\delta\boldsymbol{P})\boldsymbol{\zeta}(t)\}=\boldsymbol{0} \tag{7.70}$$

则引理 7.5 可转化为：如果 G 有生成树，则

$$\lim_{t\to\infty}\begin{bmatrix}\boldsymbol{0} & -\delta\boldsymbol{I}_{N-1}\\ \alpha\delta(\boldsymbol{I}_{N-1}-\boldsymbol{C}) & \beta\delta(\boldsymbol{I}_{N-1}-\boldsymbol{C})\end{bmatrix}\begin{bmatrix}\boldsymbol{\zeta}_{Fx}(t)\\ \boldsymbol{\zeta}_{Fv}(t)\end{bmatrix}=\boldsymbol{0} \tag{7.71}$$

有且仅有全零解。

由式(7.71)可知，$\lim\limits_{t\to\infty}\boldsymbol{\zeta}_{Fv}(t)=\boldsymbol{0}$。因此，只须证明 $\lim\limits_{t\to\infty}\{(\boldsymbol{I}_{N-1}-\boldsymbol{C})\boldsymbol{\zeta}_{Fx}(t)\}=\boldsymbol{0}$ 当且仅当 $\lim\limits_{t\to\infty}\boldsymbol{\zeta}_{Fx}(t)=\boldsymbol{0}$，即矩阵 $\boldsymbol{C}$ 没有特征值 1。由于 G 有生成树，由引理 7.2 和 $\boldsymbol{A}'$ 的定义可知，1 是矩阵 $\boldsymbol{A}'$ 的特征值且其代数重数为 1。则由式(7.55)可知，1 不是 $\boldsymbol{C}$ 的特征值。因此，$\lim\limits_{t\to\infty}\{(\boldsymbol{I}_{N-1}-\boldsymbol{C})\boldsymbol{\zeta}_{Fx}(t)\}=\boldsymbol{0}$ 当且仅当 $\lim\limits_{t\to\infty}\boldsymbol{\zeta}_{Fx}(t)=\boldsymbol{0}$。引理 7.4 得证。

定理 7.5　如果 $\boldsymbol{h}(t)$ 满足式(7.50)，那么对任意有界通信时延，存在 α、β、$\delta>0$ 使得系统式(7.43)能够实现时变编队的充要条件为无人机集群通信拓扑有生成树。

证明：（充分性证明）若 $\boldsymbol{h}(t)$ 满足式(7.50)，由定理 7.4 可知，无人机集群实现期望编队，只需要式(7.51)渐近稳定。而由式(7.51)可得

$$\boldsymbol{\zeta}(t)=\boldsymbol{H}^q\boldsymbol{\zeta}(t_0)+\sum_{s=0}^{q-1}\delta\boldsymbol{H}^{q-1-s}\boldsymbol{P}\boldsymbol{\zeta}(t_0+s\delta-\tau_0) \tag{7.72}$$

式中：$t=t_0+q\delta$，$q=1,2,\cdots$。

由引理 7.3 可知，存在 α、β、$\delta>0$，使得 $\rho(\boldsymbol{H})<1$。结合引理 7.4 可知，必然存在常数 $0<\gamma<1$ 和 $M\geqslant1$，使得 $\parallel\boldsymbol{H}\parallel^{t-t_0}\leqslant M\gamma^{t-t_0}$，$t\geqslant t_0$。因此，由式(7.72)可得

$$\parallel\boldsymbol{\zeta}(t)\parallel\leqslant M\gamma^q\parallel\boldsymbol{\zeta}(t_0)\parallel+\sum_{s=0}^{q-1}\delta M\gamma^{q-1-s}\parallel\boldsymbol{P}\parallel\parallel\boldsymbol{\zeta}(t_0+s\delta-\tau_0)\parallel \tag{7.73}$$

接下来证明当 $t\geqslant t_0$ 时，下式成立：

$$\parallel\boldsymbol{\zeta}(t)\parallel\leqslant M\parallel f\parallel\theta^{t-t_0} \tag{7.74}$$

式中：$\parallel f\parallel=\sup_{t\in[t_0-\tau_0,t_0]}\parallel\boldsymbol{\zeta}(t)\parallel$。

当 $t\in[t_0-\tau_0,t_0]$ 时，$\parallel\boldsymbol{\zeta}(t)\parallel\leqslant\parallel f\parallel\leqslant M\parallel f\parallel\theta^{t-t_0}$ 显然成立。因此，只需要证明当 $t\geqslant t_0$ 时，对任意 $\eta>1$，下式成立：

$$\parallel\boldsymbol{\zeta}(t)\parallel\leqslant\eta M\parallel f\parallel\theta^{t-t_0}\stackrel{\text{def}}{=}\varphi(t) \tag{7.75}$$

若式(7.75)不成立，则存在时刻 $t^*=t_0+q^*\delta$，使得当 $t\in[0,t^*)$ 时，

$\|\boldsymbol{\zeta}(t)\| < \varphi(t), \|\boldsymbol{\zeta}(t^*)\| = \varphi(t^*)$。由式(7.73)可得

$$\varphi(t^*) = \|\boldsymbol{\zeta}(t^*)\| \leqslant$$

$$M\gamma^{q^*}\|\boldsymbol{\zeta}(t_0)\| + \sum_{s=0}^{q^*-1}\delta M\gamma^{q^*-s-1}\|\boldsymbol{P}\|\|\boldsymbol{\zeta}(t_0+s\delta-\tau_0)\| \leqslant$$

$$M\gamma^{q^*}\|\boldsymbol{f}\| + \sum_{s=0}^{q^*-1}\delta M\gamma^{q^*-s-1}\|\boldsymbol{P}\|(\eta M\|\boldsymbol{f}\|\theta^{s\delta-\tau_0}) <$$

$$\eta M\gamma^{q^*}\|\boldsymbol{f}\| + \sum_{s=0}^{q^*-1}\delta M\gamma^{q^*-s-1}\|\boldsymbol{P}\|(\eta M\|\boldsymbol{f}\|\theta^{s\delta-\tau_0}) =$$

$$\eta M\gamma^{q^*}\|\boldsymbol{f}\| + \frac{\eta\delta M^2\|\boldsymbol{P}\|\|\boldsymbol{f}\|\gamma^{q^*}}{\gamma\theta^{\tau_0}}\sum_{s=0}^{q^*-1}\left(\frac{\theta^\delta}{\gamma}\right)^s =$$

$$\eta M\|\boldsymbol{f}\|\left[\gamma^{q^*} + \frac{\delta M\|\boldsymbol{P}\|}{\theta^{\tau_0}}\frac{\gamma^{q^*}-(\theta^\delta)^{q^*}}{\gamma-\theta^\delta}\right] \qquad (7.76)$$

若 $\delta < (1-\gamma)/(M\|\boldsymbol{P}\|)$，由引理7.5可得存在 $\theta \in (\gamma,1)$ 使得 $\theta^{\tau_0+\delta} - \gamma\theta^{\tau_0} - \delta M\|\boldsymbol{P}\| > 0$，代入式(7.76)可得

$$\varphi(t^*) < \eta M\|\boldsymbol{f}\|\left[\gamma^{q^*} + \frac{\delta M\|\boldsymbol{P}\|}{\lambda^{\tau_0}}\frac{\gamma^{q^*}-(\theta^\delta)^{q^*}}{\gamma-\theta^\delta}\right] <$$

$$\eta M\|\boldsymbol{f}\|\left[\gamma^{q^*} + \frac{\theta^{\tau_0+\delta}-\gamma\theta^{\tau_0}}{\theta^{\tau_0}}\frac{\gamma^{q^*}-(\theta^\delta)^{q^*}}{\gamma-\theta^\delta}\right] =$$

$$\eta M\|\boldsymbol{f}\|\theta^{q^*\delta} = \varphi(t^*) \qquad (7.77)$$

显然，式(7.77)不能成立，即式(7.75)成立。令 $\eta \to 1$，可得式(7.74)成立。因此，对任意初始条件 $\boldsymbol{\zeta}(t)(t \in [t_0-\tau_0,t_0])$，若 $\alpha、\beta、\delta > 0$ 满足 $\rho(\boldsymbol{H}) < 1$ 和 $\delta < (1-\gamma)/(M\|\boldsymbol{P}\|)$，则 $\lim\limits_{t\to\infty}\boldsymbol{\zeta}(t) = \boldsymbol{0}$，即 $\boldsymbol{\zeta}(t)$ 有 0 平衡点。由于无人机集群通信拓扑有生成树，由引理7.6可知，式(7.51)的平衡点 0 是唯一的。因此，当 $t \to +\infty$ 时，集群系统的编队误差趋于 $\boldsymbol{\zeta}(t) \to \boldsymbol{0}$。即当无人机集群通信拓扑有生成树时，必定存在 $\alpha、\beta、\delta > 0$，使得无人机集群能够实现期望编队。

（必要性证明）采用反证法。若无人机集群的通信拓扑图没有生成树，则图 G 中至少包含两个不连通的子图。不失一般性，考虑只包含两架无人机的情况，并假设时延 $\tau_0 = 0$、$\boldsymbol{h}(t) = \boldsymbol{0}$。设初始条件为 $x_1(t_0) = v_1(t_0) = e_1$，$x_2(t_0) = v_2(t_0) = e_2$，计算可得 $v_1(t) = e_1$，$x_1(t) = (1+p\delta)e_1$，$v_2(t) = e_2$，$x_2(t) = (1+p\delta)e_2$。如果 $e_1 \neq e_2$，则无人机集群不能实现期望的编队［由于 $\boldsymbol{h}(t) = \boldsymbol{0}$，即速度、位置不能保持一致］。因此，若无人机集群能够实现期望的编队，其通信拓扑一定有生成树。

定理7.5表明，若无人机集群通信拓扑有生成树，则一定存在 $\alpha、\beta、\delta > 0$，使

得集群能够生成期望的编队。由定理 7.5 的证明过程可以看出，参数 α、β、δ 需满足相应的条件使得 $\rho(\boldsymbol{H}) < 1$ 和 $\delta < (1-\gamma)/(M\|\boldsymbol{P}\|)$。在进行参数设计时，对于条件 $\rho(\boldsymbol{H}) < 1$，只需 α、β、δ 满足式（7.60）中的任意一组不等式即可，而对于条件 $\delta < (1-\gamma)/(M\|\boldsymbol{P}\|)$，只需要取适当的 α、$\beta > 0$ 并取 $\delta > 0$ 足够小即可，参数设计的具体流程如图 7.9 所示。

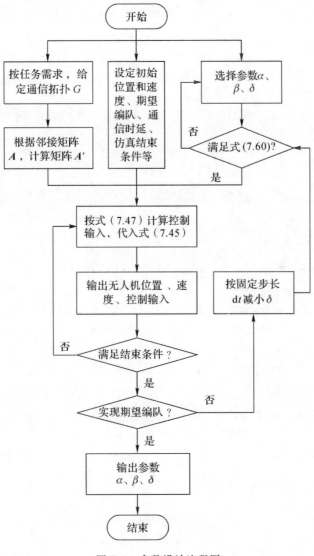

图 7.9　参数设计流程图

7.2.3 数值仿真及实验验证

本节通过数值仿真和飞行实验,对理论结果的正确性和有效性进行研究。考虑由 5 架无人机组成的集群(编号为 $i = 1, 2, \cdots, 5$)在二维平面运动,仿真中涉及的位置、速度、加速度单位分别为 m、m/s 和 m/s²。无人机之间的通信拓扑 G 如图 7.10(a)所示,显然 G 是有向的并且有生成树。四旋翼无人机的初始位置和速度为

$$\boldsymbol{\xi}_i(t) = \begin{bmatrix} 12\cos\dfrac{2\pi(i-1)}{5} & 12\sin\dfrac{2\pi(i-1)}{5} & 0 & 0 \end{bmatrix}^{\mathrm{T}}$$

式中:$i = 1, 2, \cdots, 5, t \in [t_0 - \tau_0, t_0]$。

图 7.10(b)为集群的期望编队,5 架无人机围绕共同的参考点做圆周运动并保持正五边形。其具体参数为

$$\begin{cases} \boldsymbol{h}_{ix}(0) = \begin{bmatrix} 10\cos\dfrac{2\pi(i-1)}{5} & 10\sin\dfrac{2\pi(i-1)}{2} \end{bmatrix}^{\mathrm{T}} \\ \boldsymbol{h}_{iv} = \begin{bmatrix} -\dfrac{\pi}{3}\sin\left(\dfrac{2\pi t}{60} + \dfrac{2\pi(i-1)}{5}\right) & \dfrac{\pi}{3}\cos\left(\dfrac{2\pi t}{60} + \dfrac{2\pi(i-1)}{5}\right) \end{bmatrix}^{\mathrm{T}} \end{cases}$$

结合定理 7.4 给出的编队可行性条件,可令

$$\begin{cases} \boldsymbol{h}_{ix}(t+\delta) - \boldsymbol{h}_{ix}(t) - \delta\boldsymbol{h}_{iv}(t) = \boldsymbol{0} \\ \boldsymbol{h}_{iv}(t+\delta) - \boldsymbol{h}_{iv}(t) - \delta\boldsymbol{h}_{ia}(t) = \boldsymbol{0} \end{cases}$$

结合初始条件,通过迭代,可以求出任意时刻 t 的期望编队。

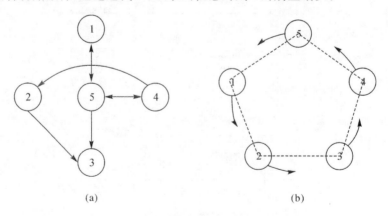

(a)　　　　　　　　　　　(b)

图 7.10　无人机集群通信拓扑和期望编队

(a)通信拓扑;(b)期望编队

按照图 7.9 所示的参数设计流程,可以得到满足条件的一组参数为 $\alpha = 0.2, \beta = 0.5, \delta = 0.5$ s。为便于对比分析通信时延对系统稳定性的影响,分别

在时延 $\tau_0 = 0.5\ \mathrm{s}(h = 1)$ 和 $\tau_0 = 1.0\ \mathrm{s}(h = 2)$ 两种条件下进行仿真,仿真时长为 120 s。图 7.11(a)和图 7.12(a)分别给出了两种时延下无人机的运动轨迹,方框和圆圈分别表示无人机的初始位置和最终位置,虚线形成的五边形表示最终时刻无人机集群的编队。图 7.11(b)和图 7.12(b)分别表示两种情况下无人机的速度变化。从图中可以看出,两种时延条件下无人机都能够实现期望的时变编队。其中,当 $\tau_0 = 0.5\ \mathrm{s}$ 时,无人机集群在大约 $t = 15\ \mathrm{s}$ 时实现期望队形;当 $\tau_0 = 1.0\ \mathrm{s}$ 时,无人机集群在大约 $t = 25\ \mathrm{s}$ 时实现期望队形。继续将时延增大到 $\tau_0 = 1.5\ \mathrm{s}$ 和 $\tau_0 = 2.0\ \mathrm{s}$,通过仿真可以发现,无人机集群仍然能够实现期望的编队,但是所需要的时间分别为 50 s 和 90 s。

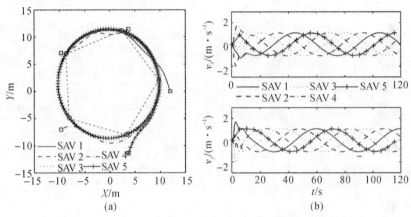

图 7.11　$\tau = 0.5\ \mathrm{s}$ 条件下的仿真结果

(a)无人机运动轨迹($\tau_0 = 0.5\ \mathrm{s}$);(b)无人机速度变化曲线($\tau_0 = 0.5\ \mathrm{s}$)

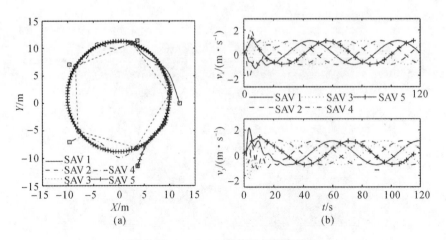

图 7.12　$\tau = 1.0\ \mathrm{s}$ 条件下的仿真结果

(a)无人机运动轨迹($\tau_0 = 1.0\ \mathrm{s}$);(b)无人机速度变化曲线($\tau_0 = 1.0\ \mathrm{s}$)

为进一步验证理论分析的正确性,利用集群编队控制演示验证系统对理论分析结果进行实验验证。根据网络条件,基于 4G 通信的 MESH 组网模块的平均时延为 $50\sim180$ ms,即 $\tau_{\max}=180$ ms。因此,由式(7.46)可得 $\tau_0=\delta=0.5$ s,这表明实验中的通信时延为一个采样周期。为便于比较和验证,实验过程中的初始条件和参数设置均与仿真相同。图 7.13(a)(b)分别给出了实验中无人机的运动轨迹和速度。无人机的初始和最终位置分别用正方形和圆圈表示。可以看出,5 架无人机最终实现了期望的空间构型,图 7.14 为无人机编队飞行的现场照片。

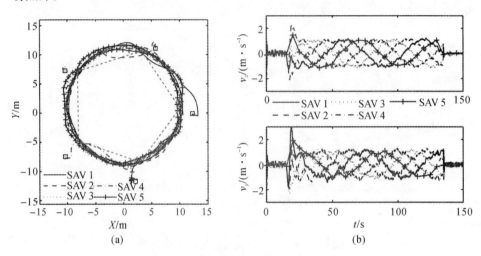

图 7.13　实验结果

(a)无人机的飞行轨迹;(b)无人机的飞行速度

图 7.14　集群编队飞行现场照片

通过仿真和实验结果可以看出,本节所设计的控制协议在存在通信时延条件下,能够控制集群快速实现期望编队。但是,随着通信时延的增大,实现期望编队所需要的时间明显增大。因此,在实际应用中,为实现集群尽快收敛到期望编队,应尽量将通信时延控制在较小范围内。

7.3　非一致有界时延条件下航空集群时变构型控制

7.2 节研究了具有通信时延条件下的航空集群构型控制问题。为了简化分析,通过引入数据缓存器和设置恰当的等待时间,使得 SAV 之间的通信时延与最大值保持一致。但是,在实际情况中,SAV 之间的通信时延可能存在较大差别(在数值上跨越多个信息更新周期),即时延具有非一致性和时变性。此外,在任务过程中,随着个体之间任务协作关系的改变,通信拓扑还会发生动态切换。为了完成特定的任务,如协同搜索和运动目标跟踪等,航空集群编队还需要具备速度跟踪能力。基于以上分析,本节主要在非一致时变时延和通信拓扑切换条件下,研究航空集群的时变构型生成和速度跟踪控制问题。

7.3.1　问题描述

考虑由 N 架 SAV 组成的集群,编号为 $1,2,\cdots,N$,令集合 $I_N = \{1,2,\cdots,N\}$。在编队控制层,将每架 SAV 视为一个质点,其动力学特性采用以下基于差分近似的二阶离散时间系统模型描述为

$$\left.\begin{array}{l} \boldsymbol{x}_i(t+\delta) = \boldsymbol{x}_i(t) + \delta\boldsymbol{v}_i(t) \\ \boldsymbol{v}_i(t+\delta) = \boldsymbol{v}_i(t) + \delta\boldsymbol{u}_i(t) \end{array}\right\} \tag{7.78}$$

式中: $\boldsymbol{x}_i(t) \in \mathbf{R}^n$, $\boldsymbol{v}_i(t) \in \mathbf{R}^n$, $\boldsymbol{u}_i(t) \in \mathbf{R}^n$ 分别表示 $\text{SAV}_i(i \in I_N)$ 的位置、速度、控制输入。$\delta > 0$ 表示状态更新周期,状态更新时刻 $t \geqslant 0$ 可表示为 $t = t_0 + q\delta$,其中 $t_0 \geqslant 0$ 为初始时刻,$q = 1, 2, \cdots$。$n \geqslant 1$ 表示无人机运动空间的维数,为便于描述,以一维运动 $(n = 1)$ 进行分析。假定无人机三维运动相互解耦,所得结论可以通过 Kronecker 积直接扩展到二维平面及三维空间。

期望的时变编队用一组有界函数描述为

$$\left.\begin{array}{l} \boldsymbol{h}_x(t) = \begin{bmatrix} \boldsymbol{h}_{1x}^{\mathrm{T}}(t) & \cdots & \boldsymbol{h}_{Nx}^{\mathrm{T}}(t) \end{bmatrix}^{\mathrm{T}} \\ \boldsymbol{h}_v(t) = \begin{bmatrix} \boldsymbol{h}_{1v}^{\mathrm{T}}(t) & \cdots & \boldsymbol{h}_{Nv}^{\mathrm{T}}(t) \end{bmatrix}^{\mathrm{T}} \\ \boldsymbol{h}_a(t) = \begin{bmatrix} \boldsymbol{h}_{1a}^{\mathrm{T}}(t) & \cdots & \boldsymbol{h}_{Na}^{\mathrm{T}}(t) \end{bmatrix}^{\mathrm{T}} \end{array}\right\} \tag{7.79}$$

式中: $\boldsymbol{h}_x(t)$、$\boldsymbol{h}_v(t)$、$\boldsymbol{h}_a(t)$ 称为编队参考向量,$\boldsymbol{h}_{ix}(t)$、$\boldsymbol{h}_{iv}(t)$、$\boldsymbol{h}_{ia}(t)$ 分别表示 SAV_i

的编队参考位置、速度和加速度。

为了实现对时变速度的跟踪,令

$$\boldsymbol{h}_{iv}(t) = \tilde{\boldsymbol{h}}_{iv}(t) + \boldsymbol{v}_d(t) \tag{7.80}$$

式中: $\tilde{\boldsymbol{h}}_{iv}(t)$ 为期望编队相对于参考点的速度偏差; $\boldsymbol{v}_d(t)$ 表示参考点期望的运动速度。令 $\boldsymbol{h}_i(t) = \begin{bmatrix} \boldsymbol{h}_{ix}(t) & \boldsymbol{h}_{iv}(t) \end{bmatrix}^{\mathrm{T}}$, $\boldsymbol{\xi}_i(t) = \begin{bmatrix} \boldsymbol{x}_i(t) & \boldsymbol{v}_i(t) \end{bmatrix}^{\mathrm{T}}$, $\boldsymbol{h}(t) = \begin{bmatrix} \boldsymbol{h}_x^{\mathrm{T}}(t) & \boldsymbol{h}_v^{\mathrm{T}}(t) \end{bmatrix}^{\mathrm{T}}$。

定义 7.4 系统式(7.43)实现了运动一致,当且仅当对任意给定有界初始状态和 $i \in I_N$,存在矢量函数 $\bar{\boldsymbol{\xi}}(t)$,使得

$$\lim_{t \to \infty}[\boldsymbol{\xi}_i(t) - \bar{\boldsymbol{\xi}}(t)] = \boldsymbol{0} \tag{7.81}$$

式中: $\bar{\boldsymbol{\xi}}(t) = \begin{bmatrix} \bar{\boldsymbol{x}}(t) & \bar{\boldsymbol{v}}(t) \end{bmatrix}^{\mathrm{T}}$ 称为一致性状态函数。显然,式(7.79)等价于对对任意 i、$j \in I_N$, $i \neq j$,有 $\lim_{t \to \infty}[\boldsymbol{\xi}_i(t) - \boldsymbol{\xi}_j(t)] = \boldsymbol{0}$。

定义 7.5 称系统式(7.43)实现了由 $\boldsymbol{h}(t)$ 描述的期望时变编队,当且仅当对任意有界初始条件和 $i \in I_N$,存在矢量函数 $\boldsymbol{r}(t) = \begin{bmatrix} \boldsymbol{r}_x(t) & \boldsymbol{r}_v(t) \end{bmatrix}^{\mathrm{T}}$,使得

$$\left.\begin{aligned} \lim_{t \to \infty}[\boldsymbol{x}_i(t) - \boldsymbol{h}_{ix}(t) - \boldsymbol{r}_x(t)] &= \boldsymbol{0} \\ \lim_{t \to \infty}[\boldsymbol{v}_i(t) - \boldsymbol{h}_{iv}(t) - \boldsymbol{r}_v(t)] &= \boldsymbol{0} \end{aligned}\right\} \tag{7.82}$$

式中: $\boldsymbol{r}(t)$ 称为编队参考点。在此基础上,若有 $\lim_{t \to \infty} \boldsymbol{r}_v(t) = \boldsymbol{0}$,即 $\lim_{t \to \infty}[\boldsymbol{v}_i(t) - \boldsymbol{h}_{iv}(t)] = \boldsymbol{0}$,则称系统式(7.43)实现了速度跟踪。

在基于一致性理论的编队控制中,虽然最终目的是使 SAV 生成相对于 $\boldsymbol{r}(t)$ 的期望编队,但编队参考点 $\boldsymbol{r}(t)$ 对所有 SAV 都是未知的,这与传统的集中式编队控制是有本质区别的。容易验证式(7.82)等价于定义 7.2 中的式(7.45)。

针对 SAV 之间的通信时延可能存在较大差别,7.2 节中通过在控制系统中设计通信时延统一策略,使所有 SAV 在同一时刻的采样数据被同步应用到控制器的更新中,实现了 SAV 之间通信时延的一致性。但是,这种方式存在以下不足:① SAV 之间的通信时延可能存在较大差别(在数值上跨越多个信息更新周期),将多组历史数据同时存储需要较大的空间;② 将通信时延与时延上限保持一致,增大了系统的平均时延。为此,本节进一步对具有非一致性时延的航空集群空间构型控制问题进行分析。在离散时间系统中,个体只会在特定时刻更新控制器,因此 SAV$_i$ 接收到的数据不会被立刻使用,如图 7.15 所示。设 SAV$_i$ 接收到 SAV$_j$ 信息的时延为 $\bar{\tau}_{ij}$,假设 SAV$_i$ 每次更新控制器时总是使用最新收到的邻接个体状态信息,则有

$$\tau_{ij} = \tau\delta \tag{7.83}$$

式中：$\tau \in \{0,1,\cdots,\hbar\}$，$\hbar$ 等于 τ_{max}/δ 向上取整，τ_{max} 为时延的上界。图 7.15 给出了 $\hbar = 2$ 的情况，从图可以看到，在 $t_0 + 2\delta$ 时刻，SAV_i 将根据 SAV_j 在 t_0 时刻和 SAV_k 在 $t_0 + \delta$ 时刻的采样数据进行控制器更新。

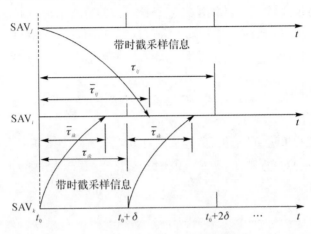

图 7.15　离散时间系统中的非一致时延

为控制航空集群生成期望的空间构型并实现对期望速度的跟踪，利用 SAV 自身实时信息和邻接个体时延状态信息，设计如下基于一致性方法的分布式控制协议：

$$\boldsymbol{u}_i(t) = -p_0\left[\boldsymbol{v}_i(t) - \boldsymbol{h}_{iv}(t)\right] + \boldsymbol{h}_{ia}(t) +$$
$$\boldsymbol{K}\sum_{j=1}^{N} a_{ij}(t)\left\{\left[\boldsymbol{\xi}_j(t-\tau_{ij}) - \boldsymbol{h}_j(t-\tau_{ij})\right] - \left[\boldsymbol{\xi}_i(t) - \boldsymbol{h}_i(t)\right]\right\} \tag{7.84}$$

式中：$\boldsymbol{K} = \begin{bmatrix} p_1 & p_2 \end{bmatrix}$（$p_1$、$p_2 > 0$）表示与构型生成相关的增益参数，$p_0$ 为速度跟踪误差衰减系数。

注意到本节中 SAV 之间的通信拓扑可以是动态切换的，有限集合 S 表示所有可能的通信拓扑，其下标集合为 $I_G \subset \boldsymbol{Z}^+$，$\boldsymbol{Z}^+$ 表示正整数集合。令 $\sigma(t)$：$[0, +\infty) \rightarrow I_G$ 表示通信拓扑切换的信号函数，其函数值表示 t 时刻的通信拓扑下标，$G(t)$、$\boldsymbol{A}(t) = \begin{bmatrix} a_{ij}(t) \end{bmatrix}_{N\times N}$、$\boldsymbol{L}(t) = \begin{bmatrix} l_{ij}(t) \end{bmatrix}_{N\times N}$ 分别表示对应的通信拓扑、邻接矩阵和拉普拉斯矩阵。

7.3.2　构型控制协议设计及主要结论

本节主要在非一致通信时延和拓扑切换条件下，研究航空集群的时变空间构型生成和速度跟踪控制问题。

令

$$\boldsymbol{F}_0 = \begin{bmatrix} 0 & 0 \\ 0 & -\delta p_0 \end{bmatrix}, \boldsymbol{F}_1 = \begin{bmatrix} \boldsymbol{0}_{1\times 2} \\ \delta \boldsymbol{K} \end{bmatrix}, \boldsymbol{F}_2 = \begin{bmatrix} 1 & \delta \\ 0 & 1 \end{bmatrix}$$

将控制协议式(7.84)的作用下,系统式(7.78)可表示为如下矩阵形式:

$$
\begin{aligned}
\boldsymbol{\xi}(t+\delta) = & (\boldsymbol{I}_N \otimes \boldsymbol{F}_2)\boldsymbol{\xi}(t) + (\boldsymbol{I}_N \otimes \boldsymbol{F}_0)[\boldsymbol{\xi}(t) - \boldsymbol{h}(t)] - \\
& [\boldsymbol{L}_D(t) \otimes \boldsymbol{F}_1][\boldsymbol{\xi}(t) - \boldsymbol{h}(t)] + \\
& [\boldsymbol{A}_0(t) \otimes \boldsymbol{F}_1][\boldsymbol{\xi}(t) - \boldsymbol{h}(t)] + \cdots + \\
& [\boldsymbol{A}_h(t) \otimes \boldsymbol{F}_1][\boldsymbol{\xi}(t-\tau_{\max}) - \boldsymbol{h}(t-\tau_{\max})] + \\
& (\boldsymbol{I}_N \otimes [0,\delta]^{\mathrm{T}}) \boldsymbol{h}_a(t)
\end{aligned}
\tag{7.85}
$$

式中:$\boldsymbol{L}_D(t)$ 是由 $\boldsymbol{L}(t)$ 的对角元素构成的对角矩阵。$\boldsymbol{A}_\tau(t) = [a_{\tau,ij}(t)]_{N\times N}$,若 $\tau_{ij} = \tau\delta$,$a_{\tau,ij}(t) = a_{ij}(t)$,否则 $a_{\tau,ij}(t) = 0$,$\tau = 0,1,\cdots,h$。容易验证 $\boldsymbol{L}(t) = \boldsymbol{L}_D(t) - \sum_{\tau=0}^{h} \boldsymbol{A}_\tau(t)$。

令

$$
\begin{cases}
\boldsymbol{\psi}_{ix}(t) = \boldsymbol{x}_i(t) - \boldsymbol{h}_{ix}(t) \\
\boldsymbol{\psi}_{iv}(t) = \boldsymbol{v}_i(t) - \boldsymbol{h}_{iv}(t) \\
\boldsymbol{\psi}_i(t) = [\boldsymbol{\psi}_{ix}^{\mathrm{T}}(t) \quad \boldsymbol{\psi}_{iv}^{\mathrm{T}}(t)]^{\mathrm{T}} \\
\boldsymbol{\psi}(t) = [\boldsymbol{\psi}_1^{\mathrm{T}}(t) \cdots \boldsymbol{\psi}_N^{\mathrm{T}}(t)]^{\mathrm{T}}
\end{cases}
$$

则有

$$\boldsymbol{\psi}_i(t) = \boldsymbol{\xi}_i(t) - \boldsymbol{h}_i(t) \tag{7.86}$$

由此可得

$$\boldsymbol{\psi}(t) = \boldsymbol{\xi}(t) - \boldsymbol{h}(t) \tag{7.87}$$

即

$$\boldsymbol{\xi}(t) = \boldsymbol{\psi}(t) + \boldsymbol{h}(t) \tag{7.88}$$

将式(7.88)代入式(7.85)可得

$$
\begin{aligned}
\boldsymbol{\psi}(t+\delta) = & (\boldsymbol{I}_N \otimes \boldsymbol{F}_2)\boldsymbol{\psi}(t) + (\boldsymbol{I}_N \otimes \boldsymbol{F}_0)\boldsymbol{\psi}(t) - [\boldsymbol{L}_D(t) \otimes \boldsymbol{F}_1]\boldsymbol{\psi}(t) + \\
& [\boldsymbol{A}_0(t) \otimes \boldsymbol{F}_1]\boldsymbol{\psi}(t) + \cdots + [\boldsymbol{A}_h(t) \otimes \boldsymbol{F}_1]\boldsymbol{\psi}(t-\tau_{\max}) - \\
& \boldsymbol{h}(t+\delta) + (\boldsymbol{I}_N \otimes \boldsymbol{F}_2)\boldsymbol{h}(t) + (\boldsymbol{I}_N \otimes [0,\delta]^{\mathrm{T}})\boldsymbol{h}_a(t)
\end{aligned}
\tag{7.89}
$$

定理 7.6 航空集群系统式(7.78)生成了期望构型,当且仅当系统式(7.89)实现了状态一致,即对任意 $i,j \in \boldsymbol{I}_N, i \neq j$,下式成立:

$$\lim_{t\to\infty}[\boldsymbol{\psi}_i(t) - \boldsymbol{\psi}_j(t)] = \boldsymbol{0} \tag{7.90}$$

证明:(充分性证明)若系统式(7.89)实现了状态一致,则将式(7.86)代入式(7.90)可得对任意 $i,j \in I_N, i \neq j$,有

$$\lim_{t \to \infty} \{ [\boldsymbol{\xi}_i(t) - \boldsymbol{h}_i(t)] - [\boldsymbol{\xi}_j(t) - \boldsymbol{h}_j(t)] \} = \boldsymbol{0} \tag{7.91}$$

因此,由定义 7.5 可知,航空集群系统(7.78)生成了期望构型。

(必要性证明)若航空集群系统式(7.78)生成了期望构型,即对任意 $i,j \in I_N, i \neq j$,式(7.91)成立。结合式(7.86),容易验证式(7.90)成立,即系统(7.89)实现了状态一致。

由于存在与通信时延和编队参考向量相关的项,难以直接对系统式(7.89)的稳定性进行分析。因此,首先引入如下假设来简化问题。

假设 7.1　对任意 $i \in I_N$,期望构型满足以下可行性条件:

$$\left. \begin{aligned} \boldsymbol{h}_{ix}(t+\delta) &= \boldsymbol{h}_{ix}(t) + \delta \boldsymbol{h}_{iv}(t) \\ \boldsymbol{h}_{iv}(t+\delta) &= \boldsymbol{h}_{iv}(t) + \delta \boldsymbol{h}_{ia}(t) \end{aligned} \right\} \tag{7.92}$$

式(7.92)所假设的可行性条件是合理且符合直觉的。它表示由于 SAV 动力学的限制,并非所有的构型都是可实现的。该可行性条件还给出了任务规划中设计可行编队的数学准则,可以在任务规划中对期望的构型进行可行性检验。当 $\delta \to 0$ 时,式(7.92)等价于

$$\left. \begin{aligned} \dot{\boldsymbol{h}}_{ix}(t) &= \boldsymbol{h}_{iv}(t) \\ \dot{\boldsymbol{h}}_{iv}(t) &= \boldsymbol{h}_{ia}(t) \end{aligned} \right\} \tag{7.93}$$

事实上,式(7.93)与文献[18]中给出的连续系统的编队可行性条件是类似的。还可以看出,式(7.92)具有和 SAV 动力学方程相同的形式,且可由式(7.93)差分近似得到。

基于假设 7.1,可直接得到如下结论。

定理 7.7　在假设 7.1 的条件下,系统式(7.89)能够实现状态一致,当且仅当系统式(7.94)能够实现状态一致。

$$\boldsymbol{\psi}(t+\delta) = (\boldsymbol{I}_N \otimes \boldsymbol{F}_2) \boldsymbol{\psi}(t) + (\boldsymbol{I}_N \otimes \boldsymbol{F}_0) \boldsymbol{\psi}(t) - [\boldsymbol{L}_D(t) \otimes \boldsymbol{F}_1] \boldsymbol{\psi}(t) + [\boldsymbol{A}_0(t) \otimes \boldsymbol{F}_1] \boldsymbol{\psi}(t) + \cdots + [\boldsymbol{A}_{\hat{q}}(t) \otimes \boldsymbol{F}_1] \boldsymbol{\psi}(t - \tau_{\max}) \tag{7.94}$$

通过假设 7.1,消除了系统式(7.89)中与时变构型描述相关的项,这一步变换能够简化问题分析。但是,式(7.94)中还存在非一致时变时延,对其稳定性进行分析仍然比较困难。为此,需要再进行一次恒等变换。容易验证式(7.94)可解表示为

$$\left.\begin{array}{l} \boldsymbol{\psi}_{ix}(t+\delta) = \boldsymbol{\psi}_{ix}(t) + \delta\,\boldsymbol{\psi}_{iv}(t) \\[6pt] \boldsymbol{\psi}_{iv}(t+\delta) = \boldsymbol{\psi}_{iv}(t) - p_0\delta\,\boldsymbol{\psi}_{iv}(t) + \\[6pt] \qquad \delta\sum_{j\in N_i} a_{ij}(t)\{p_1[\boldsymbol{\psi}_{jx}(t-\tau_{ij}) - \boldsymbol{\psi}_{ix}(t)] + \\[6pt] \qquad p_2[\boldsymbol{\psi}_{jv}(t-\tau_{ij}) - \boldsymbol{\psi}_{iv}(t)]\} \end{array}\right\} \tag{7.95}$$

令 $\overline{\boldsymbol{\psi}}_{iv}(t) = \boldsymbol{\psi}_{ix}(t) + \gamma\boldsymbol{\psi}_{iv}(t)$，其中 $\gamma = p_2/p_1$，代入式(7.95)可得

$$\left.\begin{array}{l} \boldsymbol{\psi}_{ix}(t+\delta) = \boldsymbol{\psi}_{ix}(t) + \delta\dfrac{\overline{\boldsymbol{\psi}}_{iv}(t) - \boldsymbol{\psi}_{ix}(t)}{\gamma} \\[10pt] \overline{\boldsymbol{\psi}}_{iv}(t+\delta) = \delta\dfrac{\overline{\boldsymbol{\psi}}_{iv}(t) - \boldsymbol{\psi}_{ix}(t)}{\gamma} + \overline{\boldsymbol{\psi}}_{iv}(t) - p_0\delta[\overline{\boldsymbol{\psi}}_{iv}(t) - \boldsymbol{\psi}_{ix}(t)] + \\[10pt] \qquad p_2\delta\sum_{j\in N_i} a_{ij}(t)[\overline{\boldsymbol{\psi}}_{jv}(t-\tau_{ij}) - \overline{\boldsymbol{\psi}}_{iv}(t)] \end{array}\right\}$$

$$\tag{7.96}$$

令 $\boldsymbol{\eta}_i(t) = [\boldsymbol{\psi}_{ix}(t)\quad \overline{\boldsymbol{\psi}}_{iv}(t)]^{\mathrm{T}}$，$\boldsymbol{\eta}(t) = [\boldsymbol{\eta}_1^{\mathrm{T}}(t)\ \cdots\ \boldsymbol{\eta}_N^{\mathrm{T}}(t)]^{\mathrm{T}}$，$\boldsymbol{\Lambda} = \begin{bmatrix} 1-\dfrac{\delta}{\gamma} & \dfrac{\delta}{\gamma} \\[8pt] p_0\delta-\dfrac{\delta}{\gamma} & 1+\dfrac{\delta}{\gamma}-p_0\delta \end{bmatrix}$，$\boldsymbol{B} = \begin{bmatrix} 0 & 0 \\ 0 & p_2\delta \end{bmatrix}$，则式(7.94)可恒等变换为

$$\boldsymbol{\eta}(t+\delta) = \boldsymbol{\Gamma}(t)\boldsymbol{\eta}(t) + [\boldsymbol{A}_0(t)\otimes\boldsymbol{B}]\boldsymbol{\eta}(t) + \cdots + [\boldsymbol{A}_{\hbar}(t)\otimes\boldsymbol{B}]\boldsymbol{\eta}(t-\tau_{\max}) \tag{7.97}$$

式中：$\boldsymbol{\Gamma}(t) = \boldsymbol{I}_N\otimes\boldsymbol{\Lambda} - \boldsymbol{L}_D(t)\otimes\boldsymbol{B}$。

通过将与位置相关的项 $\boldsymbol{\psi}_{ix}(t)$ 及与速度相关的项 $\boldsymbol{\psi}_{iv}(t)$ 进行合并处理，使得系统式(7.96)中的交叉项 $p_2\delta\sum_{j\in N_i} a_{ij}(t)[\overline{\boldsymbol{\psi}}_{jv}(t-\tau_{ij}) - \overline{\boldsymbol{\psi}}_{iv}(t)]$ 只包含了与变量 $\overline{\boldsymbol{\psi}}_{iv}(t)$ 相关的项。定义状态变量 $\boldsymbol{\zeta}(t) = [\boldsymbol{\eta}^{\mathrm{T}}(t)\quad \boldsymbol{\eta}^{\mathrm{T}}(t-1)\ \cdots\ \boldsymbol{\eta}^{\mathrm{T}}(t-\tau_{\max})]^{\mathrm{T}}$，式(7.97)可表示为如下增广系统形式：

$$\boldsymbol{\zeta}(t+\delta) = \boldsymbol{\Xi}(t)\boldsymbol{\zeta}(t) \tag{7.98}$$

式中：$\boldsymbol{\Xi}(t)$ 为具有如下形式的矩阵：

$$\boldsymbol{\Xi}(t) = \begin{bmatrix} \boldsymbol{\Gamma}(t)+\boldsymbol{A}_0(t)\otimes\boldsymbol{B} & \boldsymbol{A}_1(t)\otimes\boldsymbol{B} & \cdots & \boldsymbol{A}_{\hbar-1}(t)\otimes\boldsymbol{B} & \boldsymbol{A}_{\hbar}(t)\otimes\boldsymbol{B} \\ \boldsymbol{I} & \boldsymbol{0} & \cdots & \cdots & \boldsymbol{0} \\ \boldsymbol{0} & \boldsymbol{I} & \boldsymbol{0} & \cdots & \boldsymbol{0} \\ \vdots & \boldsymbol{0} & \ddots & \ddots & \boldsymbol{0} \\ \boldsymbol{0} & \boldsymbol{0} & \ddots & \boldsymbol{I} & \boldsymbol{0} \end{bmatrix}$$

$$\tag{7.99}$$

注意到 $\boldsymbol{L}(t) = \boldsymbol{L}_D(t) - \sum_{\tau=0}^{\hbar}\boldsymbol{A}_{\tau}(t)$，$\boldsymbol{L}(t)\boldsymbol{1} = \boldsymbol{0}$。因此，结合 $\boldsymbol{\Gamma}(t)$ 的含义，通过

将矩阵 $\boldsymbol{\Lambda}$ 和 $\boldsymbol{B}$ 代入式(7.99),容易验证 $\boldsymbol{\Xi}(t)\mathbf{1} = \mathbf{1}$。在继续推导本节主要结论之前,先给出如下的假设条件。

假设 7.2　增益参数 p_0、p_1、p_2 和采样周期 δ 满足如下约束条件:

$$\left.\begin{array}{l} 1 - \dfrac{\delta}{\gamma} > 0 \\[3mm] 1 + \dfrac{\delta}{\gamma} - p_0\delta > p_2\delta d_{\max} \\[3mm] p_0 - \dfrac{1}{\gamma} > 0 \end{array}\right\} \tag{7.100}$$

式中：$d_{\max}$ 表示所有可能的拉普拉斯矩阵 $\boldsymbol{L}(t)$ 的对角元素的最大值。

此处只是直接给出了相关参数的约束条件,在后续推导过程中,使用到该假设时,将给出其原因和合理性说明。假设 7.2 中给出的控制协议增益参数和信息交互周期的耦合约束条件,可以作为协议中参数的设计指导。

引理 7.7　若航空集群所有的交感拓扑都有生成树,且增益参数 p_0、p_1、p_2 和采样周期 δ 满足式(7.100)所示的约束条件,则矩阵 $\boldsymbol{\Xi}(t)$ 对应的图 $G[\boldsymbol{\Xi}(t)]$ 有生成树,且 $\boldsymbol{\Xi}(t)$ 是 SIA 矩阵。

证明：在假设 7.2 的约束条件下,容易验证矩阵 $\boldsymbol{\Xi}(t)$ 的所有元素都是非负的。注意到 $\boldsymbol{\Xi}(t)\mathbf{1} = \mathbf{1}$,因此,$\boldsymbol{\Xi}(t)$ 是随机矩阵。

接下来开始证明矩阵 $\boldsymbol{\Xi}(t)$ 对应的图 $G[\boldsymbol{\Xi}(t)]$ 有生成树,$\omega_1,\cdots,\omega_{2N(h+1)}$ 表示图 $G[\boldsymbol{\Xi}(t)]$ 包含的顶点。令 $\boldsymbol{\Theta}(t) = \boldsymbol{\Gamma}(t) + \sum\limits_{\tau=0}^{h} \boldsymbol{A}_\tau(t) \otimes \boldsymbol{B}$,$\upsilon_1,\cdots,\upsilon_{2N}$ 表示图 $G[\boldsymbol{\Theta}(t)]$ 包含的顶点。由于 $\boldsymbol{\Gamma}(t) \geqslant 0$,考虑到所有交感拓扑都有生成树(即图 $G\left[\sum\limits_{\tau=0}^{h} \boldsymbol{A}^\tau(t)\right]$ 有生成树)且 $\boldsymbol{B}_{22} > 0$,可知顶点 $\upsilon_2,\upsilon_4,\cdots,\upsilon_{2(N-1)},\upsilon_{2N}$ 之间有生成树。进一步注意到矩阵 $\boldsymbol{\Gamma}(t)$ 的形式和假设 7.2 的约束条件,有 $\boldsymbol{\Gamma}_{(2i-1),2i}(t) > 0$ 和 $\boldsymbol{\Gamma}_{2i,(2i-1)}(t) > 0$,从而图 $G[\boldsymbol{\Theta}(t)]$ 中顶点 υ_{2i} 和 υ_{2i-1} 是强联通的。因此,图 $G[\boldsymbol{\Theta}(t)]$ 有生成树。

若在图 $G[\boldsymbol{\Theta}(t)]$ 中存在有向边 (υ_i,υ_j),则图 $G[\boldsymbol{\Xi}(t)]$ 中存在有向边 $(\omega_{i+2Nl_{ij}},\omega_j)$。其中,$l_{ij} = \tau_{ij}/\delta$ 表示 υ_j 接收到 υ_i 状态信息的延迟周期数。上述已证明图 $G[\boldsymbol{\Theta}(t)]$ 有生成树,不失一般性,设其根节点为 υ_i,则对任意 $j \in \{1,2,\cdots,2N\}$,$j \neq i$,存在有向路径 $(\upsilon_i,\upsilon_{j_1}),(\upsilon_{j_1},\upsilon_{j_2}),\cdots,(\upsilon_{j_m},\upsilon_j)$,从而在图 $G[\boldsymbol{\Xi}(t)]$ 中存在有向边 $(\omega_{i+2Nl_{ij_1}},\omega_{j_1}),(\omega_{j_1+2Nl_{ij_2}},\omega_{j_2}),\cdots,(\omega_{j_m+2Nl_{j_mj}},\omega_j)$。不难证明,对任意 $i \in \{1,2,\cdots,2N\}$,图 $G[\boldsymbol{\Xi}(t)]$ 中存在有向路径 $(\omega_i,\omega_{i+2N}),(\omega_{i+2N},\omega_{i+4N}),\cdots,(\omega_{i+2N(h-1)},\omega_{i+2Nh})$。因此,图 $G[\boldsymbol{\Xi}(t)]$ 有以 ω_i 为根节点的生成树。注意到对任意 $i \in \{1,2,\cdots,2N\}$,有 $\boldsymbol{\Xi}_{i,i}(t) > 0$,即图 $G[\boldsymbol{\Xi}(t)]$ 的根节点有自环(self-loop)。由引理

7.7 可知，$\boldsymbol{\Xi}(t)$ 是 SIA 矩阵。证毕。

引理 7.8　设 $G(t) \in S$ 表示在 t 时刻航空集群的通信拓扑。若航空集群在有限离散时刻 $t_1, \cdots, t_2 (t_2 > t_1)$ 的通信拓扑图 $G(t_1), \cdots, G(t_2)$ 的并集有生成树，且增益参数 p_0、p_1、p_2 和采样周期 δ 满足式（7.100）所示的约束条件，则 $\prod\limits_{t=t_1}^{t_2} \boldsymbol{\Xi}(t)$ 是 SIA 矩阵。

证明：令 $\boldsymbol{\Theta}(t) = \boldsymbol{\Gamma}(t) + \sum\limits_{\tau=0}^{\bar{\hbar}} \boldsymbol{A}_\tau(t) \otimes \boldsymbol{B}$，首先证明图 $G\left[\sum\limits_{t=t_1}^{t_2} \boldsymbol{\Theta}(t)\right]$ 有生成树。$\upsilon_1, \cdots, \upsilon_{2N}$ 表示图 $G\left[\sum\limits_{t=t_1}^{t_2} \boldsymbol{\Theta}(t)\right]$ 包含的顶点。由于 $\boldsymbol{\Gamma}(t) \geqslant 0$，考虑到在有限离散时刻 $t_1, \cdots, t_2 (t_2 > t_1)$ 的通信拓扑图 $G(t_1), \cdots, G(t_2)$ 的并集包含有生成树（即图 $G\left[\sum\limits_{t=t_1}^{t_2} \sum\limits_{\tau=0}^{\bar{\hbar}} \boldsymbol{A}_\tau(t)\right]$ 有生成树）且 $\boldsymbol{B}_{22} > 0$，可知顶点 $\upsilon_2, \upsilon_4, \cdots, \upsilon_{2(N-1)}, \upsilon_{2N}$ 之间有生成树。进一步注意到矩阵 $\boldsymbol{\Gamma}(t)$ 的形式和假设 7.2 的约束条件，有 $\boldsymbol{\Gamma}_{(2i-1),2i}(t) > 0$ 和 $\boldsymbol{\Gamma}_{2i,(2i-1)}(t) > 0$，从而图 $G\left[\sum\limits_{t=t_1}^{t_2} \boldsymbol{\Theta}(t)\right]$ 中顶点 υ_{2i} 和 υ_{2i-1} 是强联通的。因此，图 $G\left[\sum\limits_{t=t_1}^{t_2} \boldsymbol{\Theta}(t)\right]$ 有生成树。若增益参数 p_0、p_1、p_2 和采样周期 δ 满足式（7.100）所示的约束条件，则必然存在大于零的常数 μ，使得 $\sum\limits_{t=t_1}^{t_2} \left[\boldsymbol{\Gamma}(t) + \boldsymbol{A}^0(t) \otimes \boldsymbol{B}\right] \geqslant \boldsymbol{\Gamma}(t) \geqslant \mu \boldsymbol{I}$。因此，由文献[19]中的引理 7 可知引理 7.8 成立。证毕。

定理 7.8　在假设 7.2 成立的条件下，若所有可能的通信拓扑 $G(t) \in S$ 都有生成树，则航空集群能够生成期望构型并实现速度跟踪。

证明：由引理 7.7 及 SIA 矩阵的定义可知

$$\prod_{t=0}^{+\infty} \boldsymbol{\Xi}(t) = \mathbf{1}\, \boldsymbol{c}^{\mathrm{T}} \tag{7.101}$$

式中：$c \in \mathbf{R}^{2N(\bar{\hbar}+1)}$ 表示定常矢量。由式（7.98）可得

$$\lim_{t \to \infty} \boldsymbol{\zeta}(t+\delta) = \prod_{t=0}^{+\infty} \boldsymbol{\Xi}(t) \boldsymbol{\zeta}(0) = \mathbf{1}\, \boldsymbol{c}^{\mathrm{T}} \boldsymbol{\zeta}(0) \tag{7.102}$$

即

$$\lim_{t \to \infty} \boldsymbol{\psi}_{ix}(t) = \lim_{t \to \infty} \overline{\boldsymbol{\psi}}_{iv}(t) = \boldsymbol{c}^{\mathrm{T}} \boldsymbol{\zeta}(0) \quad (i \in I_N) \tag{7.103}$$

注意到 $\overline{\boldsymbol{\psi}}_{iv}(t) = \boldsymbol{\psi}_{ix}(t) + \gamma \boldsymbol{\psi}_{iv}(t)$，代入式（7.103）可得 $\lim\limits_{t \to \infty} \boldsymbol{\psi}_{iv}(t) = \lim\limits_{t \to \infty} \boldsymbol{\psi}_{jv}(t) = \mathbf{0}, i, j \in I_N, i \neq j$。因此，系统式（7.94）实现了状态一致，由定理 7.3 和

定理 7.4 可知航空集群生成了期望的空间构型。当系统式(7.94)实现状态一致时,有 $\lim\limits_{t\to\infty} \boldsymbol{\psi}_{iv}(t) = \lim\limits_{t\to\infty}[\boldsymbol{v}_i(t) - \boldsymbol{h}_{iv}(t)] = \boldsymbol{0}(i \in I_N)$,即航空集群实现了速度跟踪。定理 7.8 证毕。

定理 7.9　在假设 7.2 成立的条件下,若存在时间间隔序列 t_0,t_1,$\cdots$,t_k,$\cdots$,使得对任意 $k \in \mathbf{N}$,图 $G(t_k)$,$\cdots$,$G(t_{k+1}-1)$ 的并集有生成树,则航空集群能够生成期望构型并实现速度跟踪。其中,$0 < t_{k+1} - t_k \leqslant \overline{T}$,$\mathbf{N}$ 表示自然数。

证明:对任意控制器更新时刻 $t > 0$,设 t_k 满足 $t_k \leqslant t < t_{k+1}$,则有

$$\boldsymbol{\zeta}(t+\delta) = \boldsymbol{\Xi}(t)\boldsymbol{\Xi}(t-1)\cdots\boldsymbol{\Xi}(t_k)\prod_{m=0}^{k-1}\boldsymbol{\Xi}_s(m)\boldsymbol{\zeta}(0) \tag{7.104}$$

式中:$\boldsymbol{\Xi}_s(m) = \prod\limits_{t=t_m}^{t_{m+1}-1}\boldsymbol{\Xi}(t)$。由于 $0 < t_{k+1} - t_k \leqslant \overline{T}$ 且图 $G(t_m)$,$\cdots$,$G(t_{m+1}-1)$ 的并集有生成树,由引理 7.6 可知,$\boldsymbol{\Xi}_s(m)$ 是 SIA 矩阵,即 $\prod\limits_{k=0}^{+\infty}\boldsymbol{\Xi}_s(m) = \boldsymbol{1}\boldsymbol{c}^{\mathrm{T}}$。注意到 $\boldsymbol{\Xi}(t)\boldsymbol{1} = \boldsymbol{1}$,从而有 $\lim\limits_{t\to\infty}\boldsymbol{\zeta}(t+\delta) = \boldsymbol{1}\boldsymbol{c}^{\mathrm{T}}$。因此,通过定理 7.8 类似的证明过程可知定理 7.9 成立。定理 7.9 证毕。

定理 7.8 和定理 7.9 给出了航空集群生成期望空间构型和实现速度跟踪的充分条件。定理 7.8 表明在通信拓扑切换条件下,若所有可能的通信拓扑都有生成树,则航空集群能够生成期望空间构型和实现速度跟踪。定理 7.9 表明在通信拓扑切换条件下,并不要求所有时刻的通信拓扑都有生成树,只要在有限时间间隔内集群的通信拓扑的并有生成树,航空集群也能生成期望空间构型和实现速度跟踪。

在本节的推导过程中,虽然并未专门考虑时延的时变性,但是由证明过程可以不难看出,若时延的上界 $\tau_{\max}$ 保持不变(即最大延迟周期数 $\overline{d}$ 不变),即使个体之间的时延是时变的,所有结论仍然是成立的。因此,本节的结论适用于具有相同时延上界的非一致性时变时延的情况。

7.3.3　数值仿真及结果分析

本节通过数值仿真对理论分析结果的正确性进行验证。考虑由 8 架 SAV 组成的集群(编号为 $i = 1$,2,$\cdots$,8)在二维平面运动,仿真中涉及的位置、速度、加速度单位分别为 m、m/s 和 m/s^2。仿真分两种情况进行:情况 1,所有可能的通信拓扑都有生成树,如图 7.16(a)所示;情况 2,单个通信拓扑图都是不连通的,但图的并集有生成树,如图 7.16(b)所示。情况 1 和情况 2 中除通信拓扑外的其他仿真条件完全相同。仿真过程中,假设通信拓扑每 5 s 随机切换一次,图

7.17 给出了随机生成的通信拓扑切换信号。

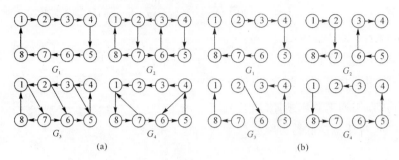

图 7.16 两种情况下的通信拓扑集

(a)情况 1 中可能的通信拓扑集；(b)情况 2 中可能的通信拓扑集

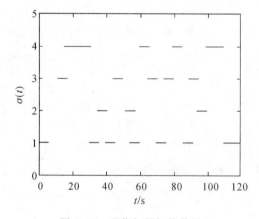

图 7.17 通信拓扑切换信号

基于假设 7.1，SAV_i 的期望构型和需要跟踪的速度可描述为

$$
\begin{cases}
\boldsymbol{h}_{ix}(0) = \left[10\cos\left(\dfrac{2\pi(i-1)}{8}\right) \quad 10\sin\left(\dfrac{2\pi(i-1)}{8}\right) \right]^{\mathrm{T}} \\[2mm]
\boldsymbol{h}_{iv}(t) = \left[-\dfrac{\pi}{3}\sin(\varphi_i) \quad \dfrac{\pi}{3}\cos(\varphi_i) \right]^{\mathrm{T}} + \boldsymbol{v}_{\mathrm{d}}
\end{cases}
$$

式中：$\varphi_i = \dfrac{2\pi t}{60} + \dfrac{2\pi(i-1)}{8}$，$\boldsymbol{v}_{\mathrm{d}} = \left[1 \quad \dfrac{\pi}{3}\cos\left(\dfrac{2\pi t}{120}\right) \right]^{\mathrm{T}}$。结合初始条件，通过简单迭代，可以求出所有 SAV 在任意时刻 t 的期望构型。当集群生成 $h_i(t)$ 所描述的期望空间构型时，8 架 SAV 将分别位于一个正八边形的顶点上并做周期为 60 s 的圆周运动，同时编队还将按照期望速度 $\boldsymbol{v}_{\mathrm{d}}$ 进行平移运动，如图 7.18 所示。

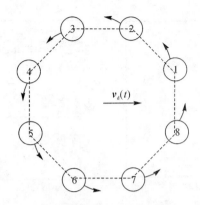

图 7.18　期望的空间构型和平移运动示意图

为便于描述,将 8 架 SAV 的初始位置和速度设置为

$$\boldsymbol{\xi}_i(t) = \left[\begin{array}{cccc} 12\cos(\varphi_i) & 12\sin(\varphi_i) & -\dfrac{2\pi}{5}\sin(\varphi_i) & \dfrac{2\pi}{5}\cos(\varphi_i) \end{array}\right]^{\mathrm{T}}$$

式中:$i = 1, 2, \cdots, 8, t \in [t_0 - \hbar\delta, t_0]$。

其他参数设置为 $t_0 = \hbar\delta, p_0 = 0.25, p_1 = 0.20, p_2 = 1.0, \delta = 0.1$ s,不难验证以上参数满足假设 7.2 中给定的约束条件。仿真中,设 $\tau_{\max} = 0.5$ s。

$$[\tau_{ij}] = 0.1 \begin{bmatrix} 0 & 1 & 2 & 3 & 4 & 5 & 4 & 3 \\ 2 & 0 & 1 & 2 & 3 & 4 & 5 & 4 \\ 3 & 2 & 0 & 1 & 2 & 3 & 4 & 5 \\ 4 & 3 & 2 & 0 & 1 & 2 & 3 & 4 \\ 5 & 4 & 3 & 2 & 0 & 1 & 2 & 3 \\ 4 & 5 & 4 & 3 & 2 & 0 & 1 & 2 \\ 3 & 4 & 5 & 4 & 3 & 2 & 0 & 1 \\ 2 & 3 & 4 & 5 & 4 & 3 & 2 & 0 \end{bmatrix}$$

图 7.19 和图 7.20 分别给出了情况 1 和情况 2 的仿真结果。其中,图 7.19(a)和图 7.20(a)表示在 $t = 120$ s 时的编队构型,图 7.19(b)和图 7.20(b)表示仿真过程中 SAV 的速度变化曲线。图 7.21(a)(b)分别给出了两种情况下集群的构型误差 F_error(t) 和速度跟踪误差 Vel_error(t),F_error(t) 和 Vel_error(t)的定义如下:

$$\text{F\_error}(t) = \sum_{i=2}^{8} \left\{ [\boldsymbol{\psi}_i(t) - \boldsymbol{\psi}_1(t)]^{\mathrm{T}} [\boldsymbol{\psi}_i(t) - \boldsymbol{\psi}_1(t)] \right\}$$

$$\text{Vel\_error}(t) = \sum_{i=1}^{8} [\boldsymbol{\psi}_{iv}^{\mathrm{T}}(t) \, \boldsymbol{\psi}_{iv}(t)]$$

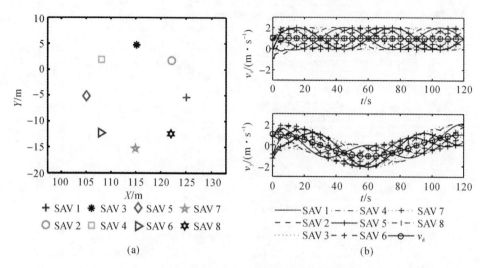

图 7.19　情况 1 的仿真结果

(a) $t=120$ s 时的集群构型；(b) 速度变化曲线

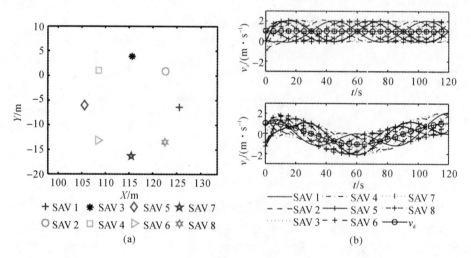

图 7.20　情况 2 的仿真结果

(a) $t=120$ s 时的集群构型；(b) 速度变化曲线

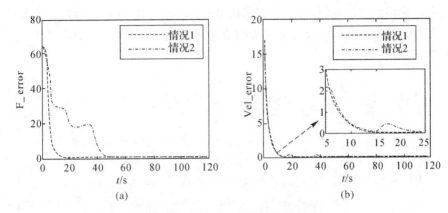

图 7.21 航空集群的构型和速度跟踪误差

(a) 构型误差；(b) 速度跟踪误差

从图 7.19～图 7.21 可以看到，本节提出的方法在非一致时延和通信拓扑切换条件下，能够实现航空集群的空间构型和速度跟踪控制。通过对比分析图 7.19(b)、图 7.20(b) 及图 7.21 可知，两种情况下，生成期望构型的时间分别为约 20 s 和 50 s，这表明通信拓扑连通性会影响系统的收敛速度。通过图 7.19(b) 和图 7.20(b) 还可以看到，航空集群在保持期望构型的同时，还实现了对平移速度的稳定跟踪。需要说明的是，给定的平移速度 $v_d(t)$ 是编队参考点的平动速度，每架 SAV 的实际期望速度是期望构型的速度分量和平动速度 $v_d(t)$ 之和。

本 章 小 结

本章针对航空集群空间构型演化控制，提出了基于一致性理论的控制方法。分别在无通信时延、一致定常通信时延、非一致时变时延条件下进行了研究。

首先，在不考虑时延条件下，对航空集群空间构型演化控制问题进行了研究。通过将一致性方法与领导者-跟随者方法相结合，研究了航空集群的空间构型生成和航迹跟踪控制问题，给出了航空集群实现期望空间构型的充要条件、空间构型可行的判定条件以及控制协议中相关参数和控制器更新周期的耦合约束条件。然后，针对个体之间通信时延相同或相近的情况，采用基于驻留时间(dwell time)的信息处理方法，将非一致时延转化为一致定常时延，分析了航空集群空间构型稳定的充要条件、期望空间构型可行的判定条件以及控制协议中相关参数和控制器更新周期的约束条件，解决了存在通信时延和有向通信拓扑条件下航空集群空间构型的生成控制问题。最后，针对更具有一般性和实用性的情况，在有界非一致时延和通信拓扑切换条件下，研究了航空集群的空间构型生成和速度跟踪控制问题,得到了空间构型可行的充分条件,所取得的结论也适用于具有相同上界的非一致时变时延的情况。通过数值仿真和实验验证了理论分析的正确性。

参 考 文 献

[1] 梁晓龙,何吕龙,张佳强,等.航空集群构型控制及其演化方法研究[J].中国科学·技术科学,2019,49(3):277-286.

[2] LI Z, REN W, LIU X, et al. Distributed containment control of multi-agent systems with general linear dynamics in the presence of multiple leaders[J]. International Journal of Robust and Nonlinear Control, 2013, 23(5):534-547.

[3] SEO J, KIM Y, KIM S, et al. Consensus-based reconfigurable controller design for unmanned aerial vehicle formation flight [J]. Proceedings of the Institution of Mechanical Engineers, 2012, 226(7): 817-829.

[4] RAHIMI R, ABDOLLAHI F, NAQSHI K. Time-varying formation control of a collaborative heterogeneous multi agent system[J]. Robotics and Autonomous Systems, 2014, 62(12):1799-1805.

[5] ANTONELLI G, ARRICHIELLO F, CACCAVALE F, et al. Decentralized time-varying formation control for multi-robot systems[J]. The International Journal of Robotics Research, 2014, 33 (7): 1029-1043.

[6] GE M, GUAN Z, Yang C, et al. Time-varying formation tracking of multiple manipulators via distributed finite-time control [J]. Neurocomputing, 2016, 202:20-26.

[7] 周绍磊,祁亚辉,张雷,等.切换拓扑下无人机集群系统时变编队控制[J]. 航空学报,2017,38(4):264-272.

[8] HOSSEINZADEH Y M, MAHBOOBI E R. Distributed predictive formation control of networked mobile robots subject to communication delay[J]. Robotics and Autonomous Systems, 2017, 91:194-207.

[9] HAN L, DONG X, LI Q, et al. Formation tracking control for time-delayed multi-agent systems with second-order dynamics[J]. Chinese Journal of Aeronautics, 2017, 30(1):348-357.

[10] XUE R, SONG J, CAI G. Distributed formation flight control of multi-UAV system with nonuniform time-delays and jointly connected topologies[J]. Proceedings of the Institution of Mechanical Engineers, 2016, 230(10): 1871.

[11] LI P, QIN K, PU H. Distributed robust time-varying formation control for multiple unmanned aerial vehicles systems with time-delay: 2017 29th Chinese Control And Decision Conference (CCDC) [Z]. Chongqing: IEEE, 2017.

[12] XU J. ZHANG G, ZENG J, et al. Consensus based second order discrete-time multi-agent systems formation control with time-delays [C]. Lijiang: in IEEE International Conference on Information and Automation, 2015.

[13] XU G, HUANG C, ZHAI G. A necessary and sufficient condition for designing formation of discrete-time multi-agent systems with delay[J]. Neurocomputing, 2018, 315: 48 − 58.

[14] SHI L, SHAO J, ZHENG W X, et al. Asynchronous containment control for discrete-time second-order multi-agent systems with time-varying delays [J]. J Frankl Inst, 2017, 354(18): 8552 − 8569.

[15] REN W. Consensus strategies for cooperative control of vehicle formations[J]. IET Control Theory & Applications, 2007, 1(2): 505 − 512.

[16] HE L L, BAI P, LIANG X L, et al. Feedback formation control of UAV swarm with multiple implicit leaders[J]. Aerospace Science and Technology, 2018, 72: 327 − 334.

[17] XIE G, LIU H, WANG L, et al. Consensus in networked multi-agent systems via sampled control: fixed topology case [C]. Saint Louis: IEEE Xplore, 2009: 3902 − 3907.

[18] DONG X W, ZHOU Y, REN Z, et al. Time-varying formation tracking for second-order multi-agent systems subjected to switching topologies with application to quadrotor formation flying[J]. IEEE Transactions on Industrial Electronics, 2017, 64(6): 5014 − 5024.

第8章 航空集群控制方法演示验证系统

近年来,世界主要军事强国都开始意识到集群作战很可能成为一种"改变战争规则"的颠覆性力量[1-4]。因此,对集群作战涉及的关键技术进行了大量研究[2,5],航空集群作战理论与技术发展迅猛,但都还没有实现集群作战由实验室走向战场的跨越。航空集群[2]融合了体系构建、任务规划、智能决策、协同控制、网络通信、硬件设计等多项关键技术,其综合验证将是各项关键技术从理论研究走向实践应用的关键环节。然而,当前与航空集群作战相关的文献大都集中于理论方法层面,尽管空间构型演化控制的相关研究[6-10]已较为深入,但是相关算法的分析验证多数只借助于数值仿真。由于模型的简化、缺少与真实环境的交互等原因,其结果对于实际作战使用的参考价值有所局限。少数进行了试验验证的文献,其试验条件和过程也非常简单,通常只针对某一特定的算法进行验证,如编队保持、航迹跟踪等,无法实现集群作战决策和控制的综合演示与验证。本章搭建的航空集群运动控制演示验证系统[11-12]可以在户外环境下演示航空器平台的运动过程,验证运动控制算法的有效性。系统可获取航空集群在预设控制方法下的运动状态,并可对试验过程中的飞行、通信、传感器信息进行有效监管、指挥和控制。试验过程中数据实时保存,通过分析可以得出运动控制方法的运行效果,系统实物组成如图 8.1 所示。

图 8.1 系统实物图

8.1　系统总体架构

　　演示验证系统的总体架构按照文献[5]提出的航空系统组织结构逐层映射得到。在系统指挥控制结构上,地面站对应指挥控制结构的管理控制层,所有飞行平台(含机载任务载荷)构成集群自主执行控制层。在功能结构上[12],地面站对应任务管理层,利用分层递阶控制思想,将飞行平台控制系统分为决策层与执行层,分别对应功能结构中的协同决策和自主控制层。在系统实现上,决策层主要包括任务计算机,控制层主要由飞控计算机、机载任务载荷等组成。通过分层封装和模块化设计,可根据不同的场景在任务计算机中植入需要验证的算法,使系统具有了较强的适应性和扩展性。飞控计算机将不同类型的无人机平台进行封装,在对异构集群进行控制时,只须调整参数即可,有效地解决了异构集群中平台的动力学差异带来的影响,可实现对异构集群的控制。为防止试验中可能出现的突发状况,系统具备三重故障和失效保护模式:一是当测试的决策和控制算法出错,无法正常运行时,允许通过遥控器对平台进行控制;二是地面站设计有应急处置/控制模块,可以控制无人机在原地或者指定位置降落;三是无人机的决策层(任务计算机)设计有故障保护机制,且具有最高控制优先级,当无人机检测到遥控信号、空-地数据链同时出现故障时,可以自主返回起飞点。系统的总体架构如图 8.2 所示。

8.2　无人机控制系统

　　航空集群系统具有良好的扩展性,能够兼容不同类型的航空器平台,这就要求控制系统具有较强的适应性,能够对不同类型的航空器进行有效控制。本设计受智能体结构模型的启发,采用分层控制和封装的思想[2],将无人机控制系统分为决策层和执行层分别进行设计和封装,如图 8.3 所示。其中,决策层通过提取自身和相邻个体的当前位置、速度等状态信息,驱动相应的运动控制算法,生成位置、速度等决策信息并通过串口发送给执行层。根据收到的决策信息,执行层对无人机平台的姿态、速度、位置进行控制,驱动无人机达到期望状态,并将执行结果回传给决策层。无人机平台运动参数实时存储到内置在执行层的 SD 卡中,以便试验后对飞行数据进行分析。

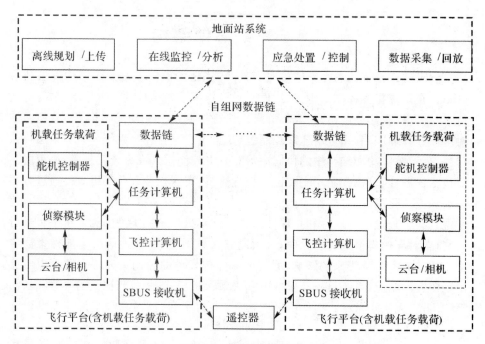

图 8.2　系统总体架构

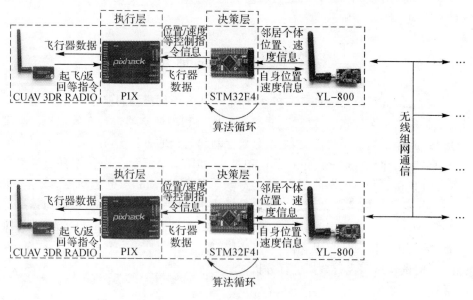

图 8.3　无人机控制系统结构框图

　　由于无人机控制系统的决策层需要较大的计算量和较高的实时性,对处理器的性能有较高的要求。本设计选用基于 ARM© Cortex© - M4 核心的 STM32F4 系列微处理器,该处理器具有功耗较低、处理能力强等优点,满足了试验要求。执行层为 PIX 自驾仪,PIX 自驾仪是一种成熟可靠的无人载具控制器,可以控制多种类型的无人载具,如固定翼无人机、四旋翼无人机等,通过 PIX 自驾仪将不同类型的航空器平台封装为智能体对象。决策层的 STM32F4 和执行层的 PIX 通过基于 Mavlink 协议的串口实现信息交互。

　　通过分层控制,可将试验开发重点放在决策层的算法上,减少了程序移植工作量,缩短了试验准备周期。通过封装,不再需要根据不同类型的航空器特殊性能针对性地开发相应的控制策略,只须对 PIX 参数进行设置。提高了代码的可重用性,增强了系统的扩展性。

　　四旋翼无人机作为一种特殊构型的飞行器,具有结构简单、成本低廉、低速巡航垂直起降等特殊的飞行性能。因此,本演示系统采用四旋翼无人机作为航空器平台,如图 8.4 所示为本项目搭建的四旋翼无人机实物图。

图 8.4　四旋翼无人机实物图

8.3　地　面　站

　　地面站是演示验证系统的指挥控制中心,可以对无人机平台各种运动数据和传感器参数进行实时监控,能够对无人机下达特定指令,如任务开始、中断、继续、结束等。地面站还需要对多无人机平台状态进行监视和控制,同时对传感器进行故障诊断和应急处理。为了增强系统的可靠性和安全性,采用冗余思想,设计了两套地面站,分别由一台笔记本电脑(CPU：i5,内存:4 G)和相应的数据接收、发送设备组成。

地面站1采用双串口通信,串口1负责将控制指令通过数据链1发送给指定无人机或者进行广播。根据不同的试验目的,这里的控制指令既可以是地面站解算生成的位置、速度指令,也可以是调用协同控制器中预先写入的控制算法的指令;串口2负责实时接收无人机广播的飞行数据(传输频率为4 Hz)并实时存储,也可通过 Matlab 进行实时数据处理,显示无人机的位置、速度等运动状态,观察运行的效果是否与期望的一致,满足结束规则将终止试验。

地面站2运行 Mission planner 1.3.32 和 Qgroundcontrol 3.1.0 两个无人机控制软件。Mission planner 主要用来在试验前对无人机参数进化设置,如最大速度、加速度、低电压保护等,如图 8.5(a)所示。Qgroundcontrol 用来控制多个无人机,同时观察数据链2传回的无人机状态信息,包括电压、电流、速度等,以对各无人机传感器参数进行实时监控。但试验过程中 Qgroundcontrol 只能对无人机逐一控制,当无人机增多时,可操作性将会降低,如图 8.5(b)所示为软件界面。因此,对原 Qgroundcontrol 软件进行了二次开发,增加了一键同时动作、同时返回功能,如图 8.5(c)所示为开发后软件界面。开发后可同时控制多个无人机动作,减少了试验人员的操作步骤,使系统操作更简单,降低了对试验人员的技能要求,使系统更实用。例如在演示验证大规模航空集群的运动控制方法时,通过 Qgroundcontrol,地面站2可控制无人机集群同时起飞,试验结束后可以将无人机同时收回。

(a)

图 8.5　地面站软件界面

(a) Mission planner 软件界面

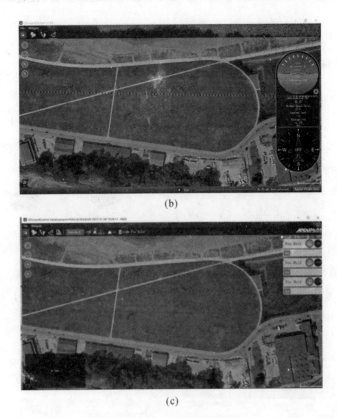

(b)

(c)

续图 8.5　地面站软件界面

(b) Qgroundcontrol 软件界面；(c) Qgroundcontrol 二次开发界面

8.4　数　据　链

　　小型无人机平台有效载荷、体积、功耗都受到极大的限制,因此采用时分多址(TDMA)结合时分双工(TDD)的通信模式。在这种工作模式下,网内所有节点工作频点相同,不需要额外增加天线和收发通道即可实现组网通信,解决了平台载荷、体积受限的问题。数据链系统由机载端和地面站两部分构成,如图 8.6所示。每一架无人机安装一部机载端机,与地面端组成动态 TDD－TDMA 网络。所有时隙组成一个闭环,每个节点根据入网顺序占用对应的时隙,各个节点根据其在时隙中的排序轮流广播自身信息。在任务过程中,地面端大部分时间都是处于监听状态,只接收机载端的广播数据,不发送业务数据。在应急处置时,地面端能及时上传控制指令,实现对集群的有效控制。

数据链的物理信道由时元、时帧、时隙构成。每个时元 1 s,包含 20 个时帧;每个时帧 50 ms,包含 50 个时隙;50 个时隙分为勤务时隙、申请接入时隙、普通业务时隙三种,三种时隙结构完全相同。一个时帧内包含 1 个勤务时隙,长度为 1 ms;1 个申请接入时隙,长度为 1 ms;48 个普通业务时隙,每个时隙长度为 1 ms。时隙为最小通信时间单位。时帧编号方式为每 1 s 为一个时元,时元内按时间从前到后分别编为时帧 0、时帧 1……时帧 19;每 50 ms

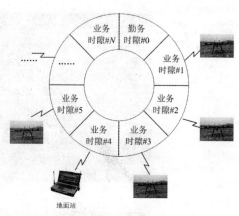

图 8.6 数据链组网示意图

为一个时帧,时隙编号方式为时帧内按时间从前到后分别编为时隙 0、时隙 1……时隙 49。每个通信时隙结构由数据部分和保护间隔两部分构成,长度分别为 0.76 ms 和 0.24 ms。每个时隙中,一个节点能够发送最大 256 B 数据,其中包括 16 B 的报头和 240 B 的用户数据。时帧、时隙结构如图 8.7 所示。

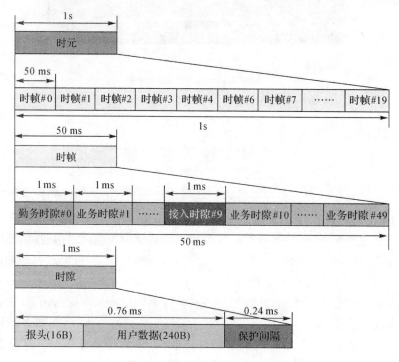

图 8.7 数据链时帧时隙结构

8.5　通　信　协　议

无人机与地面站、无人机与无人机之间都需要特定的通信协议来对数据的结构进行定义，以便发送端和接收端对数据进行准确、高效的处理。在设计无线通信协议时，除了完成数据传输之外，还要兼顾数据的安全性、完整性、传输效率等。结合实际需求，本协议采用 128 B 固定长度的数据帧结构，易于帧的同步和数据解析。航空集群数据通信协议设计主要按照第 3 章中给出的基本事件模型进行，各个字段的信息见表 8.1。

表 8.1　各字段信息表

字节序号	参　数	最小值	最大值	单　位	颗粒度	备　注
1~16	报头	—	—	—	—	网管占用
17	$Type_{ID}$	0	255		1	事件类型编码
18	O_{ID}	0	255		1	事件观察者 ID
19~22	$T^o.a$	0	$2^{32}-1$	秒(s)	1	观察时间起点
23~26	$T^o.b$	0	$2^{32}-1$	秒(s)	1	观察时间终点
27~30	$L^o.Lat$	-90	90	度(°)	10^{-7}	观察者纬度
31~34	$L^o.Lon$	-180	180	度(°)	10^{-7}	观察者经度
35~36	$L^o.H$	0	65535	米(m)	1	观察者海拔高度
37~38	$L^o.R$	0	65535	米(m)	1	观察者空域范围
39	P	0	1	—	0.01	事件置信度评价
40	S_{ID}	0	255	—	1	事件产生者 ID
41~44	$T^s.a$	0	$2^{32}-1$	秒(s)	1	事件时间起点
45~48	$T^S.b$	0	$2^{32}-1$	秒(s)	1	事件时间终点
49~52	$L^S.Lat$	-90	90	度(°)	10^{-7}	事件产生者纬度
53~56	$L^S.Lon$	-180	180	度(°)	10^7	事件产生者经度
57~58	$L^S.H$	0	65535	米(m)	1	事件产生者高度
59~60	$L^S.R$	0	65535	米(m)	1	空间域事件半径
61~128	$Attr_{ID}.Attr_i$	—	—	—	—	事件扩展属性 ID
	$Attr_{ID}.Val_i$	—	—	—	—	事件扩展属性值

本 章 小 结

本章通过搭建航空集群作战演示验证系统,可以将前述所提出的航空集群组织结构、空间构型的构建方法、演化决策机制和控制算法进行集成验证。相关技术验证成果已在军、地单位联合举办的"无人争锋"智能无人机集群系统挑战赛、"畅联智胜"无人蜂群联合行动挑战赛等重要赛事中得到了有效应用。

参 考 文 献

[1]　张少苹,戴锋,王成志,等. 多 Agent 系统研究综述[J]. 复杂系统与复杂性科学,2011,8(4):1-8.

[2]　牛轶峰,肖湘江,柯冠岩. 无人机集群作战概念及关键技术分析[J]. 国防科技,2013,5:37-43.

[3]　梁晓龙,李浩,孙强,等. 空中作战发展特征及对策[J]. 空军工程大学学报(军事科学版),2014,14(3):4-7.

[4]　袁政英. 美空军未来 20 年小型无人机发展路线图[J]. 防务视点,2016,10:58-59.

[5]　柏鹏,梁晓龙,王鹏,等. 新型航空集群空中作战体系研究[J]. 空军工程大学学报(军事科学版),2016,16(2):1-4.

[6]　王祥科,李迅,郑志强. 多智能体系统编队控制相关问题研究综述[J]. 控制与决策,2013,28(11):1601-1613.

[7]　胡利平,梁晓龙,张佳强,等. 三机协同无源时差定位最优编队构型分析[J]. 火力与指挥控制,2017,42(9):49-54.

[8]　宗群,王丹丹,邵士凯,等. 多无人机协同编队飞行控制研究现状及发展[J]. 哈尔滨工业大学学报,2017,49(3):1-14.

[9]　吴俊成,周锐,董卓宁,等. 基于诱导航线的多无人机编队飞行控制方法[J]. 北京航空航天大学学报,2016,42(7):1518-1525.

[10]　洪晔,缪存孝,雷旭升. 基于长机-僚机模式的无人机编队方法及飞行实验研究[J]. 机器人,2010,32(4):505-509.

[11]　王勋,张纪阳,张代兵,等. 无人机编队飞行快速试验系统设计[J]. 机器人,2017,2:160-166.

[12]　朱创创,梁晓龙,张佳强,等. 无人机集群编队控制演示验证系统[J]. 北京航空航天大学学报,2018,306(8):174-182.